职场设计力

[日]印慈江久多衣 编著
王卫军 译

中国青年出版社

前言

本书讲解了职场文书的“设计”与“编辑”，一份好的文书可以使内容更容易理解，更便于传达信息。

到目前为止，关于文书“编辑”的讨论少之又少，但是据了解，职场文书的制作过程其实涉及很多“编辑”工作，例如撰写文章、调整字体、选择标题以及组织图文等。

基于“编辑”的原则进行创作，那么文书就会更有条理，更便于传达信息。

此外，使用“设计”元素，例如排版、字体和适当的配色方案，可以制作出信息传达效果倍增的文书。

本书用红色笔迹和指示标记通俗易懂地归纳出编辑力的要点，让你在业务中能轻松付诸实践。从明天就开始实践吧！

需要训练的不是某种虚无缥缈的“感觉”，
而是实实在在的“编辑力”

希望所有提案都可以给读者留下清晰易懂的深刻印象。信息的快速传达，也会使工作效率更高。

印慈江久多衣

“编辑力”可以给你带来哪些改变？

· 在制作文书时，习惯于思考“谁需要什么，为什么需要”

▼

· 提高制作文书的效率（速度）

· 提升口头表达能力

▼

· 企划和方案更容易通过

▼

· 工作（项目）进展顺利

· 得到更高的评价

▼

· 更容易引起客户的共鸣

· 有助于公司的品牌推广和创新

▼

· 获得新的工作机会

形成良性循环

实际上，擅长制作职场文书的人少之又少。对于大多数商务人士而言，制作文书既“烦琐”又“耗时”。但是，如果掌握了编辑力这一思考方式，则可以从一个全新的角度制作职场文书。

让我们进一步具体地了解一下“编辑力”

“编辑力”的定义

首先，让我们介绍一下本书中关于“编辑力”的定义。

每份文书都有其制作“目的”，即在什么样的场合、向谁传达、传达什么信息，以及希望引导什么行为。目的不同，文书所需的信息、表达方式也大不相同。如果表达方式存在方向性错误，则将无法传达想要传达的内容，这不仅浪费了好的创意，“修改”还会浪费大量时间和精力。

也就是说……

为达成目的，如何在短时间内制作出易于理解且能引导他人付诸行动的文书

这种能力即

编辑力

本书聚焦于编辑力，并针对不同行业和情况介绍了实例。看到这些实例时，也许有人会想：简洁干净，一张幻灯片一个主题，按这个标准去做就可以了吧？

然而，根据情况的不同，A4文书可能比幻灯片更适于分享细节。根据受众的情况，相较于简洁的文书，可能更有激情、更有深度的内容才能打动他们。思考这些的能力都是“编辑力”的一部分。

如何理解“编辑力”

接下来，为了让大家对编辑力有一个大概的了解，我们来看一下当你被要求制作一份文书时的思考流程(流程和选项为示例)。

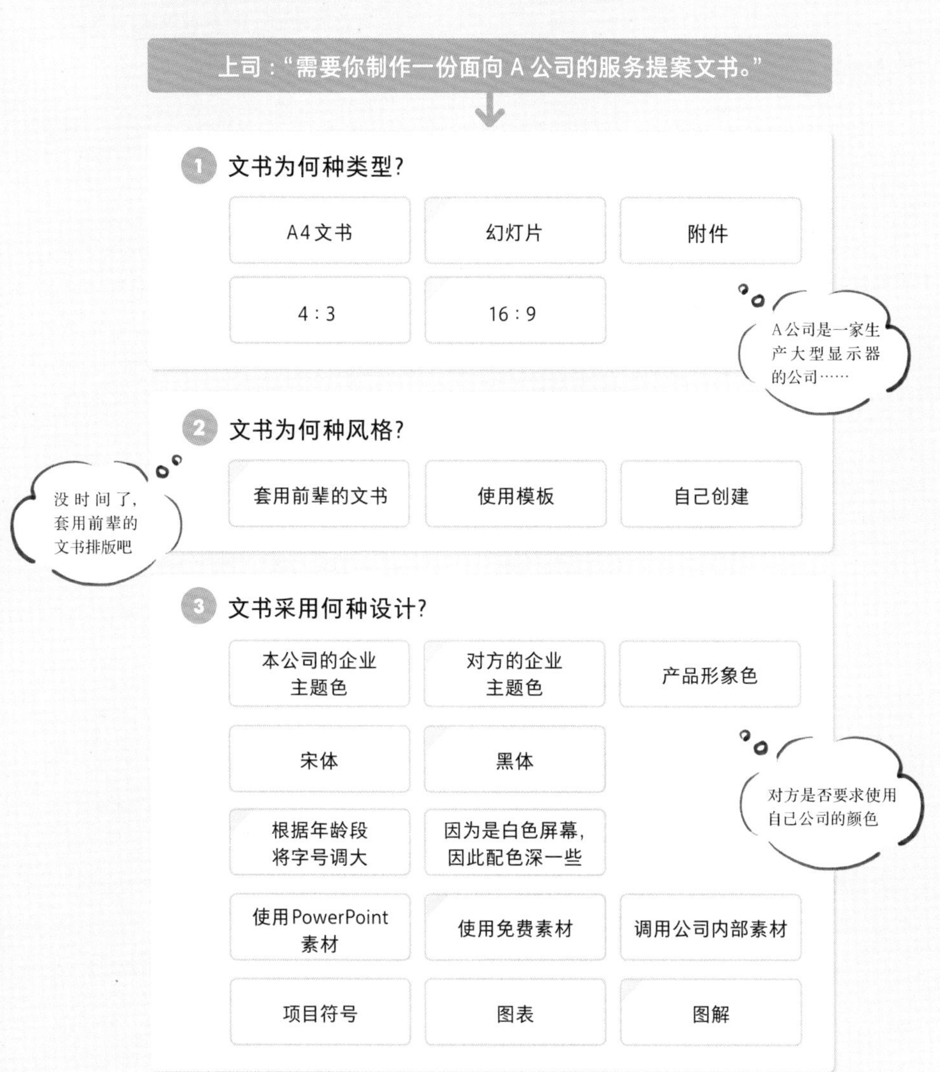

目的在于“服务最终能够被采用”，因此，组合众多选项中的最佳选项来制作文书。

“设计”与“编辑力”的关系

在本书中，通过对“设计”的解释，引出“编辑力”。

最初听到“设计”以及“颜色”“装饰”“排版”“字体”这些词时，很多人会认为，“这不是设计师的工作吗”“我很忙，根本没有时间特别关注这些”。

从几年前起，在商务场合中越来越多地会听到“设计思维”和“设计管理”等说法，“设计”（design）一词，从词源上来说，也有“制订计划”这样一层意思。

也就是说，考虑颜色、字体、排版，不仅仅是“让它看起来美观”或“让它看起来很酷”等视觉方面的问题，也是让计划成形的必要过程。

形成计划的流程（= 设计）

＼发挥编辑力／

问题 → 提案 → 解决方案

无论创意多么好，只有传达出来才是有意义的。即使不擅长演讲，如果训练自己的“编辑力”，也可以使用文书来引导他人付诸行动。

掌握“编辑力”，
制作更易于理解、
更高效、
更好地传达信息的文书！

让我们正式开始吧……

在此之前，
先介绍一下本书中的人物

新员工

新米 始

刚加入公司的新员工。新员工什么都要试一试！在上司的指导下，他每天尝试各种新工作。他是一个勤奋的人，很乐观，但是有些慢半拍，这既让人伤脑筋，又让人觉得有些可爱……

SHINMAI HAJIME

上司

编田 力夫

一名帮助很多年轻员工提高了编辑力的上司。他时而温柔，时而严厉，给新米始提出了各种挑战。他最近特别喜欢让新员工发挥创意，用自己的方式表达“类似的内容”。

AMITA RIKIO

让我们和这二位一起
来了解“编辑力”的内容

本书的使用方法

将制作具有感染力的文书的
编辑要点分为4页解说

“文书有很多需要修改的地方”“辛辛苦苦制作的，却无法传达信息”“制作文书用了很长时间”。每个主题用4页整理了制作职场文书时遇到的问题和解决方案。

第1页 Before 修改前示例

新米始制作的文书。“未能传达信息”“要修改的地方很多”“要花很长时间”，文书中有很多这类常见的问题。

第2页 After 修改后示例

接受了上司的建议后修改的文书。强调了信息的强弱，文书更加简单易懂。

根据实际情况设定的文书主题

对应文书制作目的的修改要点

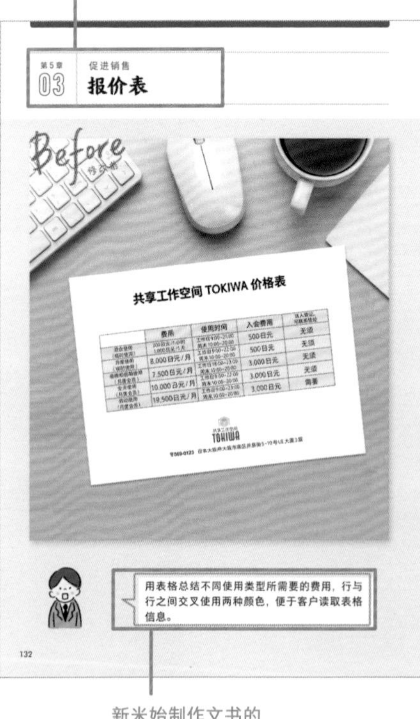

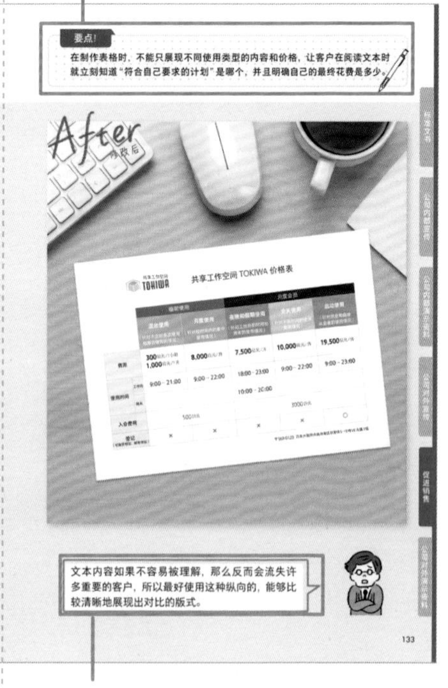

新米始制作文书的
目的和想法

上司对新米始制作的
文书的建议

不仅介绍了排版、配色等方面的设计，还以批改形式介绍了包括处理方法和思路在内的“编辑要点”，作为大家日常制作文书时的参考。

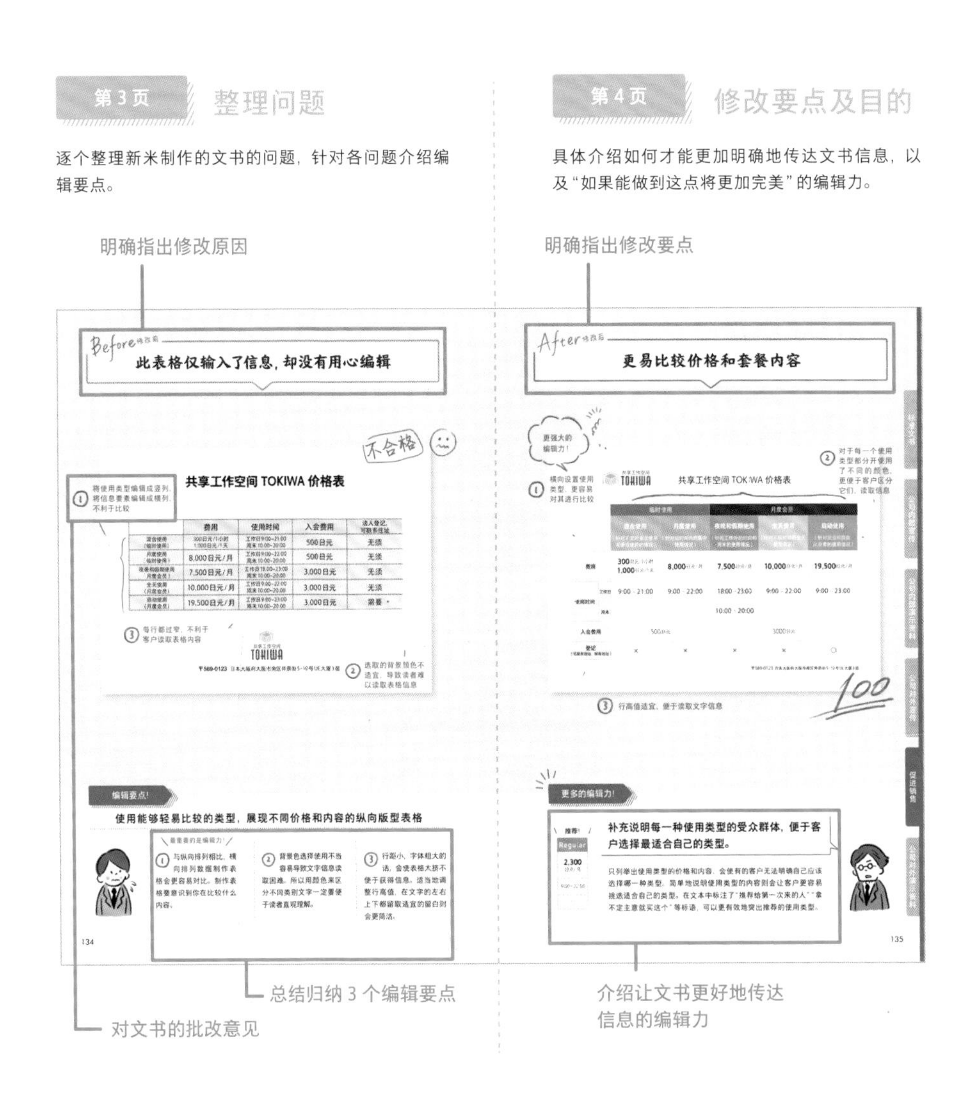

目 录

第 1 章 /// 标准文书

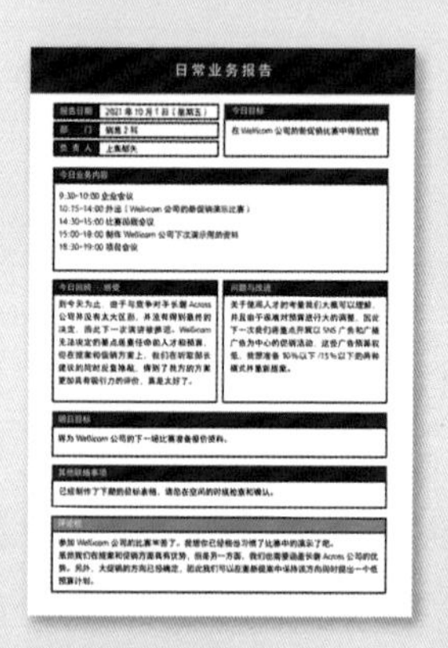

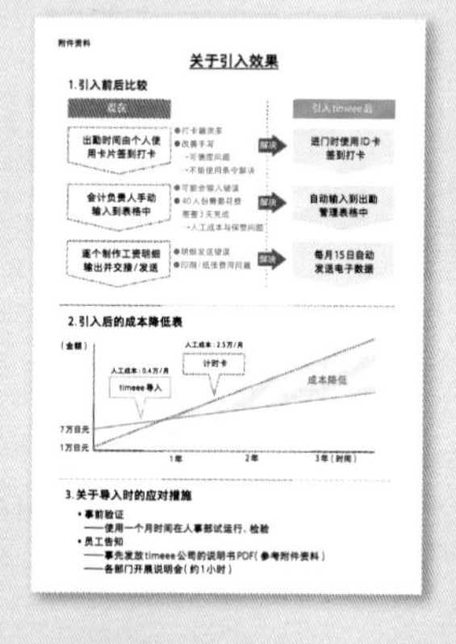

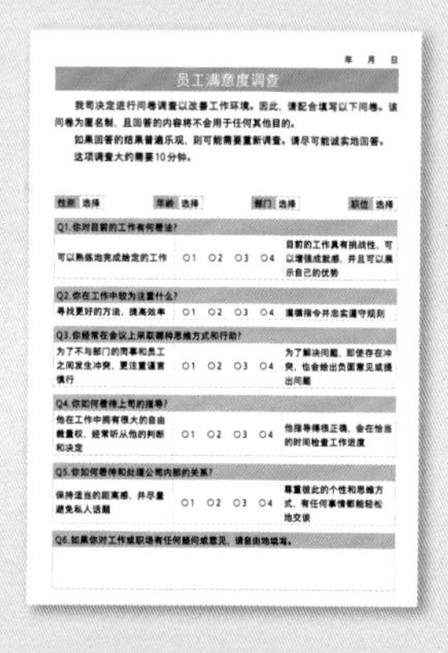

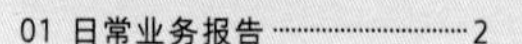

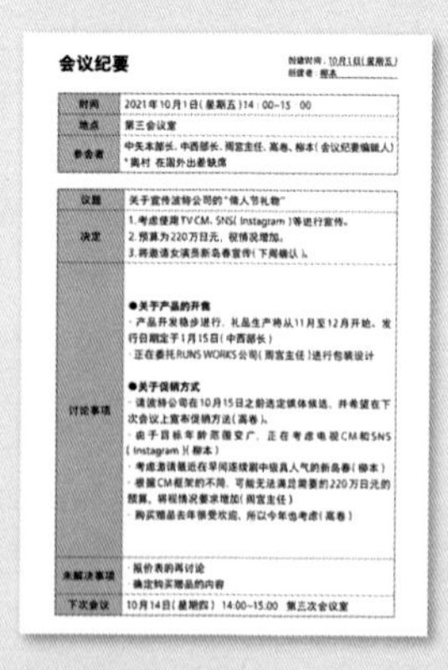

第 2 章 /// 公司内部宣传

高层访谈
以扩大亚洲市场，持续发展为目标
TOP INTERVIEW

报名费用
免费
从今天开始，你也可以成为客户服务专家
索赔处理能力
提升研讨会
身为客服行业从业人员，我们每天都要与各种客户面对面交流，投诉问题是我们必须要面对的问题。
我们将帮助您消除您的所有烦恼，共同学习如何减少投诉，如何正确处理投诉问题，如何提高工作积极性。
2021年 6/12
14:00-16:00
三丸百货12层会议室B
03-1234-5678

2021
10/23
10:00~17:00
弥富工厂
家庭日活动!

请不要边走路
边使用手机
当你在大楼内行走且必须要回复邮件或电话时，一定要在使用手机前停下脚步，检查自身和他人的安全。
除此之外，千万不要在驾驶车辆时使用智能手机或其他设备，切忌所谓的"边开车边使用手机"。

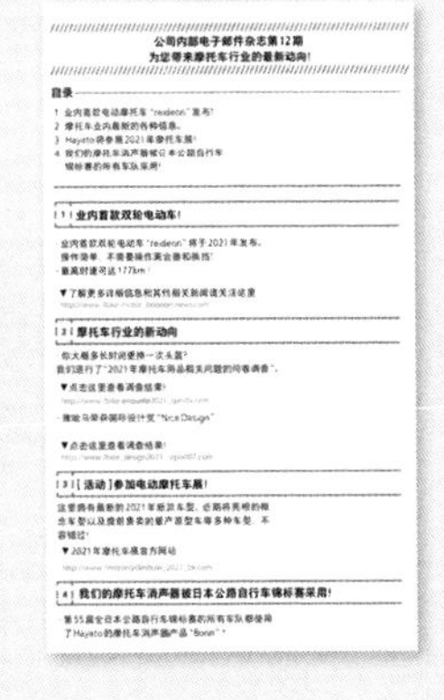

公司内部电子邮件杂志第12期
为您带来摩托车行业的最新动向!

第 3 章 /// 公司内部演示资料

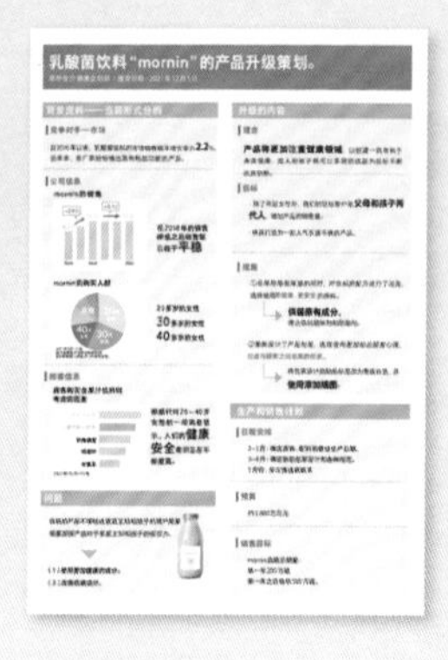

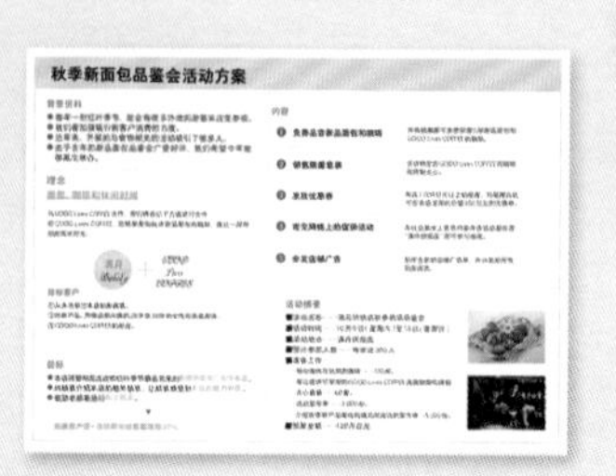

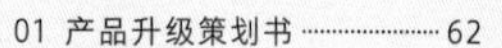

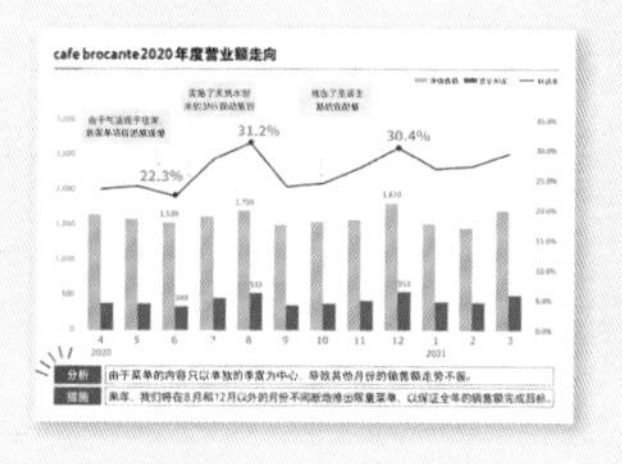

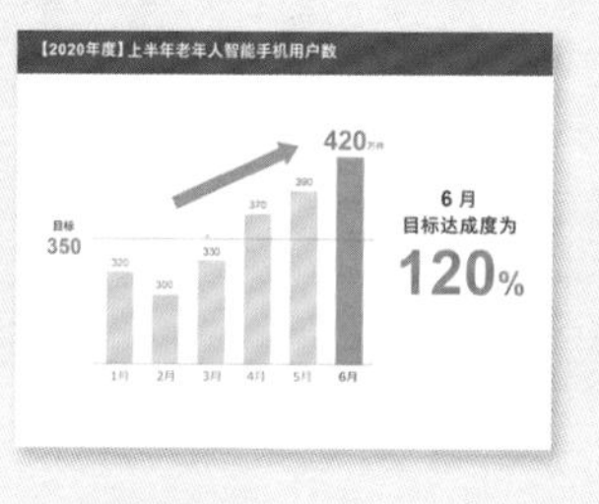

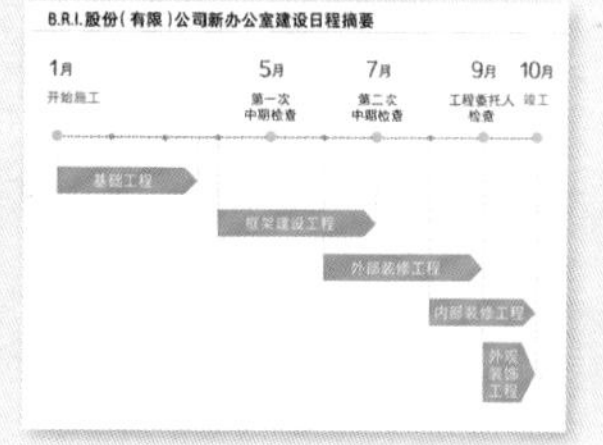

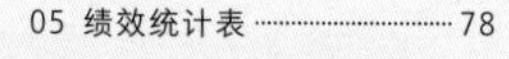

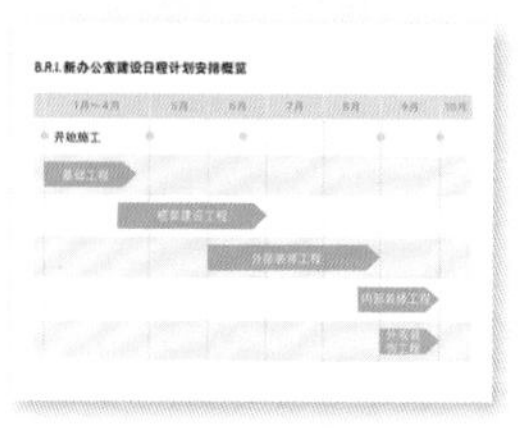

第 4 章 /// 公司对外宣传

第 5 章 /// 促进销售

第 6 章 /// 公司对外演示资料

不同设备下的网络购物情况

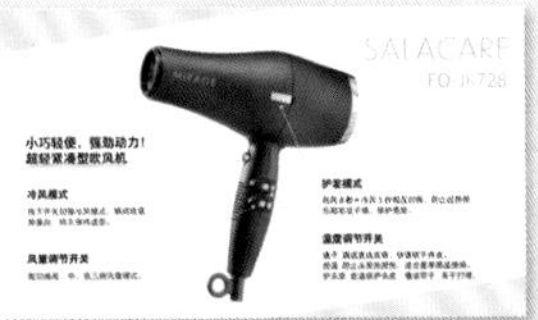
SALACARE
小巧轻便，强劲动力！
超轻紧凑型吹风机
冷风模式
风量调节开关
护发模式
温度调节开关

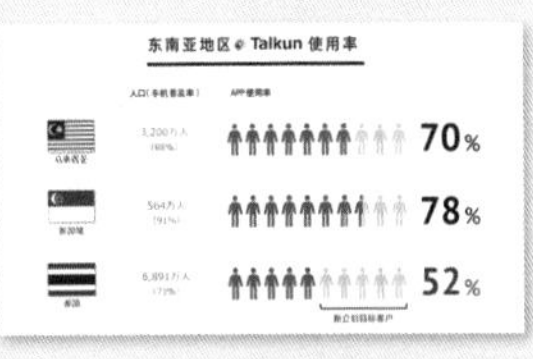
东南亚地区 Talkun 使用率
70%
78%
52%

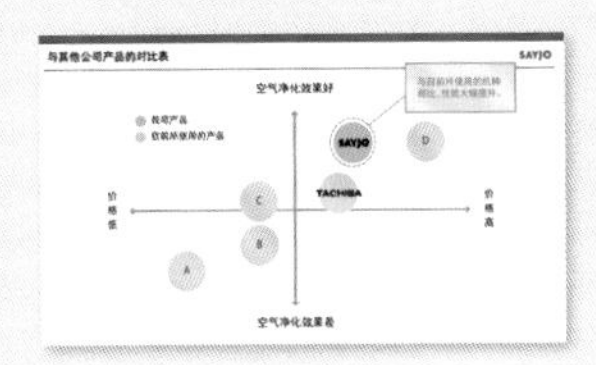
与其他公司产品的对比表
SAYJO
空气净化效果好
空气净化效果差
TACHIBA

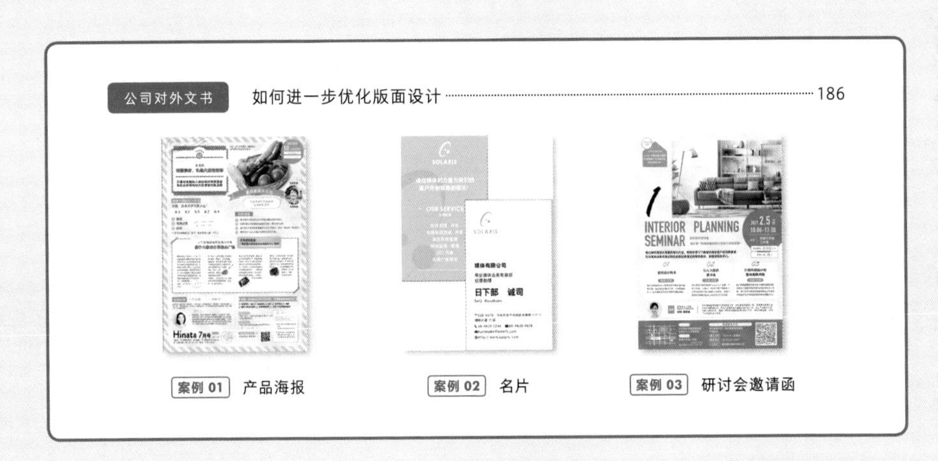
Hinata
SOLARIS
日下部 诚司
INTERIOR PLANNING SEMINAR

第1章

标准文书

标准文书的目的

对外文书重视格式和礼节，而内部文书则重视简洁和准确。无论是请示审批，还是进行通知或报告，速度是最关键的。使用电脑节省时间，并且对要点进行总结和归纳，以便繁忙的对方可以在短时间内理解并做出决定。最重要的是，内部文书可以让人展示自我。“哦，制作得很简单易懂啊”“这次完成得很快嘛”，哪怕只是为了能够得到这样的肯定，也要尽可能根据情况发挥编辑力。

展示自我是指在文书中加入自己的热情吗?

最重要的不仅是你的想法，还有内容是否考虑到了对方的情况。

日常业务报告

2021 年 10 月 1 日

日常业务报告

确认人签字

科长	部长	本部长
本田		

负责人

上集都矢

今日目标

在 Wellicom 公司的新促销比赛中获得优胜

今日业务内容

(1) 企业会议 (9:30-10:00)
(2) 外出 (10:15-14:00)
参加 Wellicom 公司新促销比赛
(3) 比赛回顾会议 (14:30-15:00)
(4) 准备 Wellicom 公司下次演示用的资料 (15:00-18:00)
(5) 项目会议 (18:30-19:00)

· 感悟
虽然此次演示未获胜，被推迟到下次决定，
但是在提案和促销方案上，我们在听取部长建议的同时反复推敲，得到了我方的方案更加具有吸引力的评价，真是太好了。

报告 · 联络事项等

已经制作了下期的目标表格，请您有时间时检查和确认。

制作出了无论哪个部门的人员都能轻松填写的开放的格式。

要点!

填写和阅览日常业务报告变成无用功的话会相当可惜。设计出有价值的格式，养成主动回顾和思考的习惯。

日常业务报告

报告日期	2021 年 10 月 1 日（星期五）
部　门	销售 2 科
负 责 人	上集郁矢

今日目标

在 Wellicom 公司的新促销比赛中获得优胜

今日业务内容

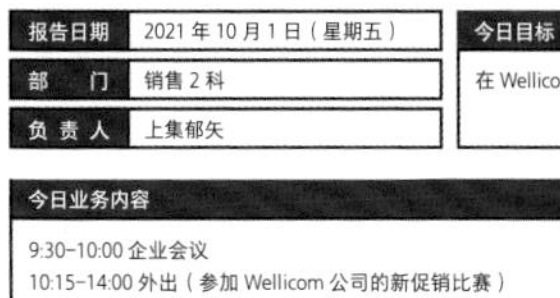

9:30–10:00 企业会议
10:15–14:00 外出（参加 Wellicom 公司的新促销比赛）
14:30–15:00 比赛回顾会议
15:00–18:00 准备 Wellicom 公司下次演示用的资料
18:30–19:00 项目会议

今日回顾 · 感受

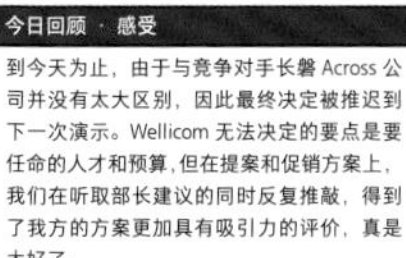

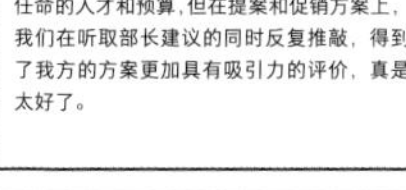

到今天为止，由于与竞争对手长磐 Across 公司并没有太大区别，因此最终决定被推迟到下一次演示。Wellicom 无法决定的要点是要任命的人才和预算，但在提案和促销方案上，我们在听取部长建议的同时反复推敲，得到了我方的方案更加具有吸引力的评价，真是太好了。

问题与改进

关于使用人才的考量我们大概可以理解，并且由于很难对预算进行大的调整，因此下一次我们将重点开展以 SNS 广告和广播广告为中心的促销活动，这些广告预算较低，我想准备减少 10% 或 15% 两种预算方案并重新提案。

明日目标

将为 Wellicom 公司的下一场比赛准备报价资料。

其他联络事项

已经制作了下期的目标表格，请您有时间时检查和确认。

评论栏

参加 Wellicom 公司的比赛辛苦了。我想你已经相当习惯了比赛中的演示了吧。
虽然我们在提案和促销方面具有优势，但是另一方面，我们也需要赶超长磐 Across 公司的优势。
另外，大促销的方向已经确定，因此我们可以在重新提案中保持该方向，同时提出一个低预算计划。

填写人和阅览人都很不方便……毕竟是手写的……
将其制作成方便阅览的格式如何？

Before 修改前

可能会让你白忙一场的格式

2021年 10月 1日

日常业务报告

确认人签字

科长	部长	本部长

负责人

上集郁矢

今日目标

Wellicom 公司新促销比赛中获得优胜

业务内容

（1）企业会议（9:30–10:00）
（2）外出（10:15–14:00）
参加Wellicom 公司新促销比赛
（3）比赛的回顾会议（14:30–15:00）
（4）准备Wellicom 公司下次演示用的资料（15:00–18:00）
（5）项目会议（18:30–19:00）

· 感悟
虽然此次演示未获胜，被推迟到下次决定
但是在提案和促销方案上，我们听取部长的建议同时反复推敲，
得到了我方公司的方案更加具有吸引力的评价，真是太好了。

报告・联络事项等

已经制作了下期的目标表格，请您在空闲的时候检查和确认。

① 过于随意的格式

② 手写效率低

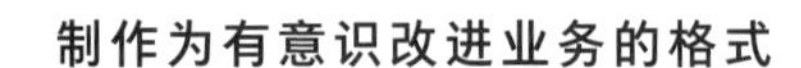

③ 没有上司评论栏，双方无法沟通

编辑要点!

制作为有意识改进业务的格式

最重要的是编辑力!

① 表格的内容可能因人而异。格式的设计目的应在于鼓励人们思考问题，提出解决方法，并加以改进。

② 手写较费时间，且不便于管理。如果采用电子化书写，则可以随时利用智能手机或电脑填写和更新，从而提高业务效率。

③ 日常业务报告是重要的沟通工具，能够分享信息、提高员工的积极性，对上司来说是非常重要的。

After 修改后

让主动回顾成为习惯的格式

日常业务报告

报告日期	2021年10月1日（星期五）
部　门	销售2科
负 责 人	上集郁矢

今日目标

在 Wellicom 公司的新促销比赛中得到优胜

今日业务内容

9:30-10:00 企业会议
10:15-14:00 外出（参加 Wellicom 公司的新促销比赛）
14:30-15:00 比赛回顾会议
15:00-18:00 准备 Wellicom 公司下次演示用的资料
18:30-19:00 项目会议

今日回顾 · 感受

到今天为止，由于与竞争对手长磐 Across 公司并没有太大区别，因此最终决定被推迟到下一次演示。Wellicom 无法决定的要点是要任命的人才和预算，但在提案和促销方案上，我们在听取部长建议的同时反复推敲，得到了我方的方案更加具有吸引力的评价，真是太好了。

问题与改进

关于使用人才的考量我们大概可以理解，并且由于很难对预算进行大的调整，因此下一次我们将重点开展以 SNS 广告和广播广告为中心的促销活动，这些广告预算较低，我想准备减少 10% 或 15% 两种预算方案并重新提案。

明日目标

将为 Wellicom 公司的下一场比赛准备报价资料。

其他联络事项

已经制作了下期的目标表格，请您在空闲的时候检查和确认。

评论栏

参加 Wellicom 公司的比赛辛苦了。我想你已经相当习惯了比赛中的演示了吧。
虽然我们在提案和促销方面具有优势，但是另一方面，我们也需要涵盖长磐 Across 公司的优势。另外，大促销的方向已经确定，因此我们可以在重新提案中保持该方向同时提出一个低预算计划。

最重要的是编辑力！

① 让人主动思考问题和解决方法的格式

② 采用电子化书写，填写人和阅览人均可提高效率

③ 从上司的评论中来提高员工的积极性

更多的编辑力！

采用恰当的格式，让回顾过去，思考下一步行动并不断改进的PDCA循环成为习惯！

PDCA是Plan（计划）、Do（执行）、Check（检查）、Action（行动）这四个英文单词的首字母组合，据说采用这一循环，可以改进工作、提高效率。日常业务报告是一个很有价值的工具，可以让你回顾自己每天的工作情况。让我们赶紧利用起来吧！

第1章 02 标准文书

申请书附件

申请书没有通过，添加了附件资料又提交了一次还是没有通过。要不要放弃？

要点!

面对忙碌的上司一定要制作出能够快速判定方案优劣的文书

不要只列出优点,
还必须列出如何弥补缺点!

Before 修改前

被认为缺乏冷静的思考

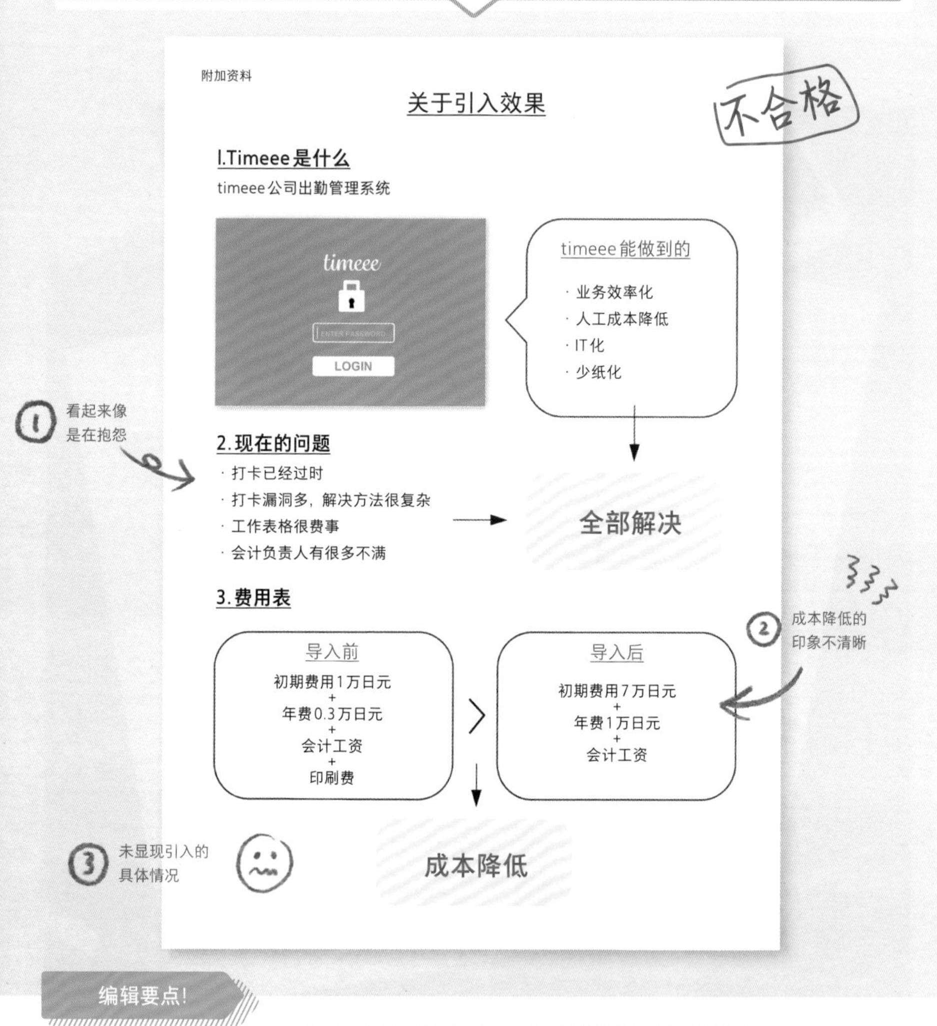

编辑要点！

写明如何弥补缺点比列举优点更重要

有讲究的编辑力！

① 申请书中必须呈现“对公司有多大益处”。不要使用含糊不清的表达，要使用具体数字展现出未来可行性，则更容易获得批准。

② 如果仅看数字，会让人觉得引入成本很高。可以制作一个具体的图表等，以一种易于理解的方式传达成本将有所降低这一信息。

③ 基本上，没有什么申请书中只有优点。要先主动解决一些可能提出的问题，如“计划引进该系统后立即使用吗？”“要如何通知所有员工？”

After 修改后

针对优点与缺点的解决对策更易于理解

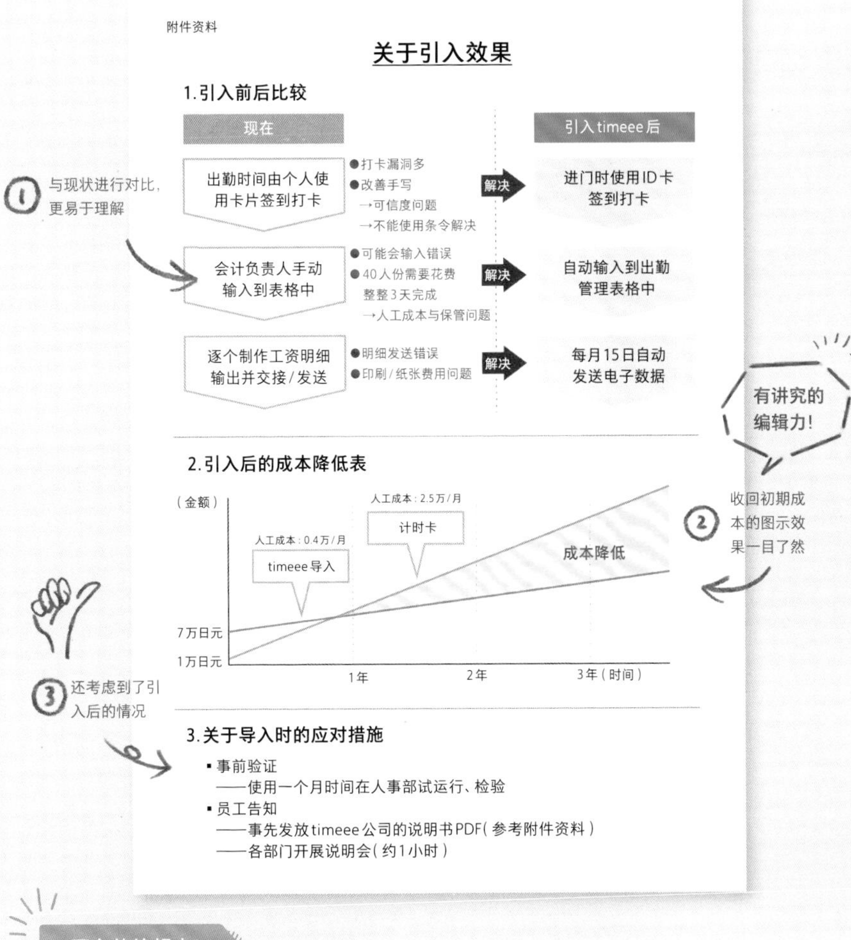

更多的编辑力!

速度对于申请书极为重要!
格式化和事前准备也很重要。

申请书被退回一次，会损失大量时间。除了格式化，事前准备也很重要。事先征求审批人的意见，可以了解其对不利因素的看法。在收到申请书时，审批人也会想起，“哦，是前几天说的那个事情”，从而快速了解情况。

员工满意度调查问卷

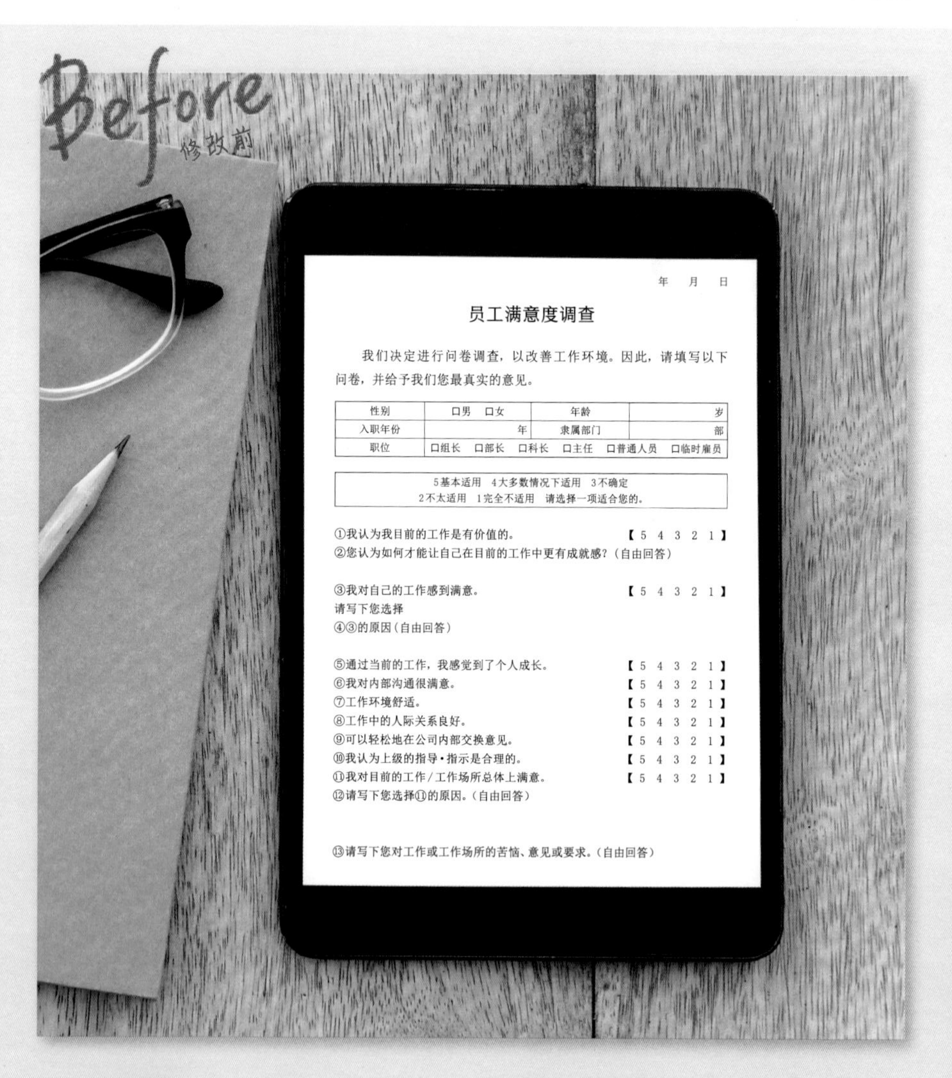

年　月　日

员工满意度调查

我们决定进行问卷调查，以改善工作环境。因此，请填写以下问卷，并给予我们您最真实的意见。

性别	口男　口女	年龄	岁
入职年份	年	隶属部门	部
职位	口组长　口部长　口科长　口主任　口普通人员　口临时雇员		

5基本适用　4大多数情况下适用　3不确定
2不太适用　1完全不适用　请选择一项适合您的。

①我认为我目前的工作是有价值的。【5 4 3 2 1】
②您认为如何才能让自己在目前的工作中更有成就感？（自由回答）

③我对自己的工作感到满意。【5 4 3 2 1】
请写下您选择
④③的原因（自由回答）

⑤通过当前的工作，我感觉到了个人成长。【5 4 3 2 1】
⑥我对内部沟通很满意。【5 4 3 2 1】
⑦工作环境舒适。【5 4 3 2 1】
⑧工作中的人际关系良好。【5 4 3 2 1】
⑨可以轻松地在公司内部交换意见。【5 4 3 2 1】
⑩我认为上级的指导·指示是合理的。【5 4 3 2 1】
⑪我对目前的工作/工作场所总体上满意。【5 4 3 2 1】
⑫请写下您选择⑪的原因。（自由回答）

⑬请写下您对工作或工作场所的苦恼、意见或要求。（自由回答）

我制作了一份满意度调查问卷！
除选择题外，还设置了主观题！

要点！

在容易识别个人身份的公司里，要考虑到员工对周边工作环境的适应情况，要尽可能让员工坦诚说出自己的想法。

年　月　日

员工满意度调查

我司决定进行问卷调查以改善工作环境。因此，请配合填写以下问卷。该问卷为匿名制，且回答的内容将不会用于任何其他目的。

如果回答的结果普遍乐观，则可能需要重新调查。请尽可能诚实地回答。

这项调查大约需要10分钟。

性别	选择	年龄	选择	部门	选择	职位	选择

Q1.你对目前的工作有何看法？					
可以熟练地完成给定的工作	○1	○2	○3	○4	目前的工作具有挑战性，可以增强成就感，并且可以展示自己的优势

Q2.你在工作中较为注重什么？					
寻找更好的方法·提高效率	○1	○2	○3	○4	遵循指令并忠实遵守规则

Q3.你经常在会议上采取哪种思维方式和行动？					
为了不与部门的同事和员工之间发生冲突，更注重谨言慎行	○1	○2	○3	○4	为了解决问题，即使存在冲突，也会给出负面意见或提出问题

Q4.你如何看待上司的指导？					
他在工作中拥有很大的自由裁量权，经常听从他的判断和决定	○1	○2	○3	○4	他指导得很正确，会在恰当的时间检查工作进度

Q5.你如何看待和处理公司内部的关系？					
保持适当的距离感，并尽量避免私人话题	○1	○2	○3	○4	尊重彼此的个性和思维方式，有任何事情都能轻松地交谈

Q6.如果你对工作或职场有任何疑问或意见，请自由地填写。

那样的话，大家是不是会选择“3”呢？要设置能够听到真实想法的问题。

Before 修改前

会增加心理压力的内容

年　月　日

员工满意度调查

我们决定进行问卷调查，以改善工作环境。因此，请填写以下问卷，并给予我们您最真实的意见。

性别	口男　口女	年龄	岁
入职年份	年	隶属部门	部
职位	口组长　口部长　口科长　口主任　口普通人员　口临时雇员		

5基本适用　4大多数情况下适用　3不确定
2不太适用　1完全不适用　请选择一项适合您的。

①我认为我目前的工作是有价值的。【5　4　3　2　1】

②您认为如何才能让自己在目前的工作中更有成就感？（自由回答）

③我对自己的工作感到满意。【5　4　3　2　1】

④请写下您选择③的原因（自由回答）

⑤通过当前的工作，我感觉到了个人成长。【5　4　3　2　1】

⑥我对内部沟通很满意。【5　4　3　2　1】

⑦工作环境舒适。【5　4　3　2　1】

⑧工作中的人际关系良好。【5　4　3　2　1】

⑨可以轻松地在公司内部交换意见。【5　4　3　2　1】

⑩我认为上级的指导·指示是合理的。【5　4　3　2　1】

⑪我对目前的工作/工作场所总体上满意。【5　4　3　2　1】

⑫请写下您选择⑪的原因。（自由回答）

⑬请写下您对工作或工作场所的苦恼、意见或要求。（自由回答）

① 比较随意的格式

② 问题过于抽象

③ 手写效率低下

编辑要点！

设计能够听到真实想法的内容

最重要的是编辑力！

① 如修改后所示，将提示性文字放在选项两侧，可以避免判断标准的混乱，了解重视的比例。

② 避免提出抽象的、可能让人想到不同内容的问题。尽可能提出具体的、场景易于理解的问题。

③ 如果选项是奇数，很多人都会选择中间的选项，这样就很难听到真实的想法。将选项设为偶数，避免选择中间项。

After 修改后

能听到受访者真实想法的内容

年　月　日

员工满意度调查

我司决定进行问卷调查以改善工作环境。因此，请配合填写以下问卷。该问卷为匿名制，且回答的内容将不会用于任何其他目的。

如果回答的结果普遍乐观，则可能需要重新调查。请尽可能诚实地回答。

这项调查大约需要10分钟。

合格

性别 选择　　年龄 选择　　部门 选择　　职位 选择

Q1. 你对目前的工作有何看法?		
可以熟练地完成给定的工作	○1　○2　○3　○4	目前的工作具有挑战性，可以增强成就感，并且可以展示自己的优势

Q2. 你在工作中较为注重什么?		
寻找更好的方法，提高效率	○1　○2　○3　○4	遵循指令并忠实遵守规则

Q3. 你经常在会议上采取哪种思维方式和行动?		
为了不与部门的同事和员工之间发生冲突，更注重谨言慎行	○1　○2　○3　○4	为了解决问题，即使存在冲突，也会给出负面意见或提出问题

Q4. 你如何看待上司的指导?		
他在工作中拥有很大的自由裁量权，经常听从他的判断和决定	○1　○2　○3　○4	他指导得很正确，会在恰当的时间检查工作进度

Q5. 你如何看待和处理公司内部的关系?		
保持适当的距离感，并尽量避免私人话题	○1　○2　○3　○4	尊重彼此的个性和思维方式，有任何事情都能轻松地交谈

Q6. 如果你对工作或职场有任何疑问或意见，请自由地填写。

① 在两侧设置说明文字，避免直接预判出答案的正误

② 设置具体且容易理解的问题

③ 选项设置为偶数

更多的编辑力!

Before 修改前

满意度调查

After 修改后

满意度调查

考虑字体和配色方案以缓解回答时的紧张感。

宋体字可能会给受访者带来紧张感，因此建议使用可以增强可读性的黑体字。此外，可以使用柔和的颜色帮助受访者能够更放松地回答。要记住，问卷调查的目的是了解当前情况并弄清问题!

标准文书　公司内部宣传　公司内部演示资料　公司对外宣传　促进销售　公司对外演示资料

第1章 04 标准文书

调查报告

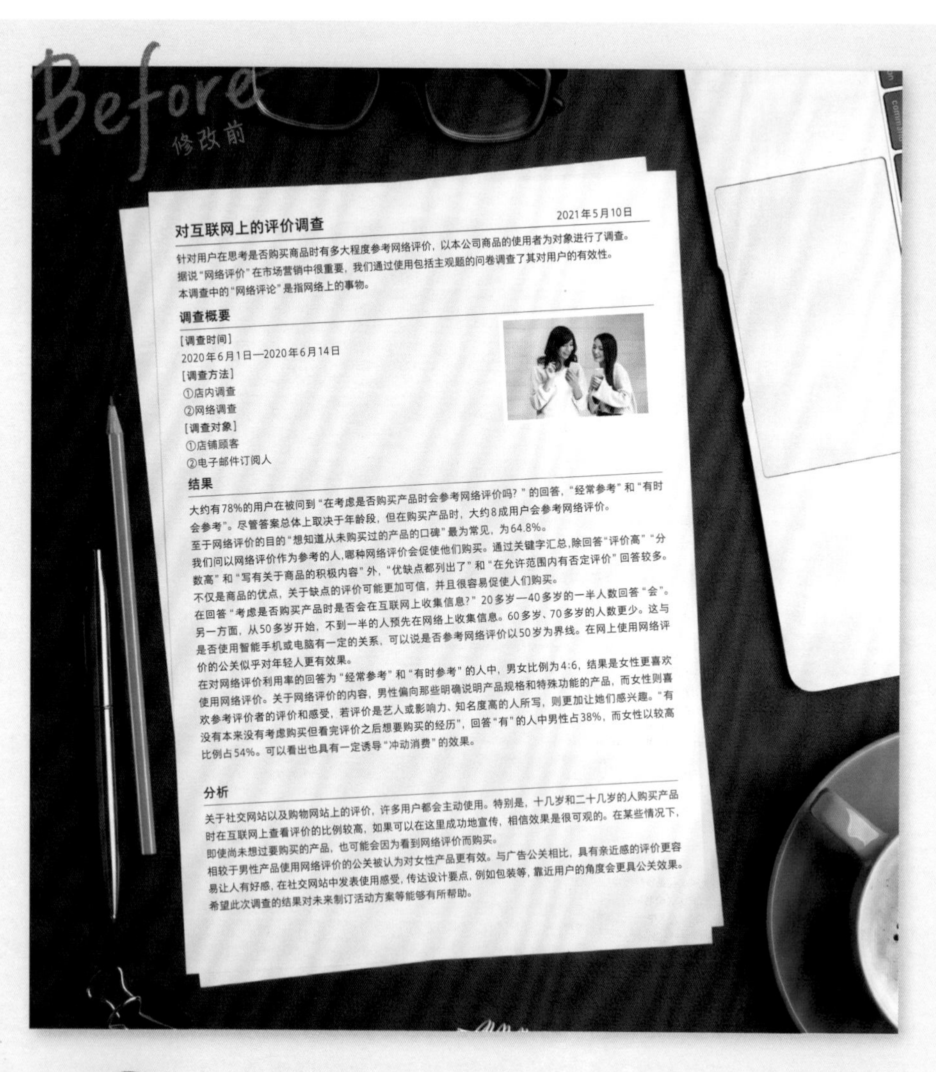

2021年5月10日

对互联网上的评价调查

针对用户在思考是否购买商品时有多大程度参考网络评价，以本公司商品的使用者为对象进行了调查。
据说“网络评价”在市场营销中很重要，我们通过使用包括主观题的问卷调查了其对用户的有效性。
本调查中的“网络评论”是指网络上的事物。

调查概要

[调查时间]
2020年6月1日—2020年6月14日
[调查方法]
①店内调查
②网络调查
[调查对象]
①店铺顾客
②电子邮件订阅人

结果

大约有78%的用户在被问到“在考虑是否购买产品时会参考网络评价吗？”的回答，“经常参考”和“有时
会参考”。尽管答案总体上取决于年龄段，但在购买产品时，大约8成用户会参考网络评价。
至于网络评价的目的“想知道从未购买过的产品的口碑”最为常见，为64.8%。
我们问以网络评价作为参考的人，哪种网络评价会促使他们购买。通过关键字汇总，除回答“评价高”“分
数高”和“写有关于商品的积极内容”外，“优缺点都列出了”和“在允许范围内有否定评价”回答较多。
不仅是商品的优点，关于缺点的评价可能更加可信，并且很容易促使人们购买。
在回答“考虑是否购买产品时是否会在互联网上收集信息？”20多岁—40多岁的一半人数回答“会”。
另一方面，从50多岁开始，不到一半的人预先在网络上收集信息。60多岁、70多岁的人数更少。这与
是否使用智能手机或电脑有一定的关系，可以说是否参考网络评价以50岁为界线。在网上使用网络评
价的公关似乎对年轻人更有效果。
在对网络评价利用率的回答为“经常参考”和“有时参考”的人中，男女比例为4:6，结果是女性更喜欢
使用网络评价。关于网络评价的内容，男性偏向那些明确说明产品规格和特殊功能的产品，而女性则喜
欢参考评价者的评价和感受，若评价是艺人或影响力、知名度高的人所写，则更加让她们感兴趣。“有
没有本来没有考虑购买但看完评价之后想要购买的经历”，回答“有”的人中男性占38%，而女性以较高
比例占54%。可以看出也具有一定诱导“冲动消费”的效果。

分析

关于社交网站以及购物网站上的评价，许多用户都会主动使用。特别是，十几岁和二十几岁的人购买产品
时在互联网上查看评价的比例较高，如果可以在这里成功地宣传，相信效果是很可观的。在某些情况下，
即使尚未想过要购买的产品，也可能会因为看到网络评价而购买。
相较于男性产品使用网络评价的公关被认为对女性产品更有效。与广告公关相比，具有亲近感的评价更容
易让人有好感，在社交网站中发表使用感受，传达设计要点，例如包装等，靠近用户的角度会更具公关效果。
希望此次调查的结果对未来制订活动方案等能够有所帮助。

呀，文字量好大，可真是太麻烦了！
加了小标题，应该更容易阅读吧？

要点！

报告等文字量大的文书，虽可仔细阅读，但要花费一定的时间，因此要注意不要让读者觉得疲惫。

2021年5月10日

对互联网上的评价调查

针对用户在思考是否购买商品时有多大程度参考网络评价，以本公司商品的使用者为对象进行了调查。
据说“网络评价”在市场营销中很重要，我们通过使用包括主观题的问卷调查了其对用户的有效性。
本调查中的“网络评论”是指网络上的事物。

调查概要

[调查时间]
2020年6月1日—2020年6月14日
[调查方法]
①店内调查　②网络调查
[调查对象]
①店铺顾客　②电子邮件订阅人

结果

80%的用户将口碑作为参考
大约有78%的用户在被问到“在考虑是否购买产品时会参考网络评价吗？”的回答“经常参考”和“有时会参考”。尽管答案总体上取决于年龄段，但在购买产品时，大约8成用户会参考网络评价。至于网络评价的目的“想知道从未购买过的产品的口碑”最为常见，为64.8%。
我们问以网络评价作为参考的人，哪种网络评价会促使他们购买。通过关键字汇总，除回答“评价高”“分数高”和“写有关于商品的积极内容”外，“优缺点都列出了”和“在允许范围内有否定评价”回答较多。不仅是商品的优点，关于缺点的评价可能更加可信，并且很容易促使人们购买。

口碑和购买行为之间关系的边界点是“50年代”
一方面，从50多岁开始，不到一半的人预先在网络上收集信息。60多岁、70多岁的人数更少。这与是否使用智能手机或电脑有一定的关系，可以说是否参考网络评价以50岁为界线。在网上使用网络评价的公关似乎对年轻人更有效果。

女性比男性更容易参考口碑
在对网络评价利用率的回答为“经常参考”和“有时参考”的人中，男女比例为4:6，结果是女性更喜欢使用网络评价。关于网络评价的内容，男性偏向那些明确说明产品规格和特殊功能的产品，而女性则喜欢参考评价者的评价和感受，若评价是艺人或影响力、知名度高的人所写，则更加让她们感兴趣。“有没有本来没有考虑购买但看完评价之后想要购买的经历”，回答“有”的人中男性占38%，而女性以较高比例占54%。可以看出也具有一定诱导“冲动消费”的效果。

分析

关于社交网站以及购物网站上的评价，许多用户都会主动使用。特别是，十几岁和二十几岁的人购买产品时在互联网上查看评价的比例较高，如果可以在这里成功地宣传，相信效果是很可观的。在某些情况下，即使尚未想过要购买的产品，也可能会因为看到网络评价而购买。
相较于男性产品使用网络评价的公关被认为对女性产品更有效。与广告公关相比，具有亲近感的评价更容易让人有好感，在社交网站中发表使用感受，传达设计要点，例如包装等，靠近用户的角度会更具公关效果。
希望此次调查的结果对未来制订活动方案等能够有所帮助。

一行放这么多文字，谁会想要读……
将内容分为两栏，会变得更容易阅读。

Before 修改前

文字给人堆挤在一起的印象

对互联网上的评价调查

2021年5月10日

针对用户在思考是否购买商品时有多大程度参考网络评价，以本公司商品的使用者为对象进行了调查。据说"网络评价"在市场营销中很重要，我们通过使用包括主观题的问卷调查了其对用户的有效性。本调查中的"网络评论"是指网络上的事物。

调查概要

[调查时间]

2020年6月1日—2020年6月14日

[调查方法]

①店内调查

②网络调查

[调查对象]

①店铺顾客

②电子邮件订阅人

结果

大约有78%的用户在被问到"在考虑是否购买产品时会参考网络评价吗？"的回答，"经常参考"和"有时会参考"。尽管答案总体上取决于年龄段，但在购买产品时，大约8成用户会参考网络评价。

至于网络评价的目的"想知道从未购买过的产品的口碑"最为常见，为64.8%。

我们问以网络评价作为参考的人，哪种网络评价会促使他们购买。通过关键字汇总，除回答"评价高""分数高"和"写有关于商品的积极内容"外，"优缺点都列出了"和"在允许范围内有否定评价"回答较多。不仅是商品的优点，关于缺点的评价可能更加可信，并且很容易促使人们购买。

在回答"考虑是否购买产品时是否会在互联网上收集信息？"20多岁—40多岁的一半人数回答"会"。另一方面，从50多岁开始，不到一半的人预先在网络上收集信息。60多岁、70多岁的人数更少。这与是否使用智能手机或电脑有一定的关系，可以说是否参考网络评价以50岁为界线。在网上使用网络评价的公关似乎对年轻人更有效果。

在对网络评价利用率的回答为"经常参考"和"有时参考"的人中，男女比例为4:6，结果是女性更喜欢使用网络评价。关于网络评价的内容，男性偏向那些明确说明产品规格和特殊功能的产品，而女性则喜欢参考评价者的评价和感受，若评价是艺人或影响力、知名度高的人所写，则更加让她们感兴趣。"有没有本来没有考虑购买但看完评价之后想要购买的经历"，回答"有"的人中男性占38%，而女性以较高比例占54%。可以看出也具有一定诱导"冲动消费"的效果。

分析

关于社交网站以及购物网站上的评价，许多用户都会主动使用。特别是，十几岁和二十几岁的人购买产品时在互联网上查看评价的比例较高，如果可以在这里成功地宣传，相信效果是很可观的。在某些情况下，即使尚未想过要购买的产品，也可能会因为看到网络评价而购买。

相较于男性产品使用网络评价的公关被认为对女性产品更有效。与广告公关相比，具有亲近感的评价更容易让人有好感，在社交网站中发表使用感受，传达设计要点，例如包装等，靠近用户的角度会更具公关效果。希望此次调查的结果对未来制订活动方案等能够有所帮助。

①文字像流水账一般，难以阅读

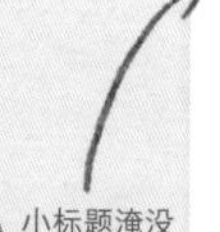

②小标题淹没在文字中

③没有留白，文字挤在一起

编辑要点！

设计出能够一目了然理解整体结构和内容的版面

出色的编辑力！

① 如果整页纸都排满文字，会使得文字过于拥挤，给人留下难以阅读的印象。如果设置为双栏，字数减少后会更容易阅读。

② 将要点设置为小标题，则可以更轻松地传达内容并引发读者的兴趣。可以通过使用颜色和装饰，明确与正文区分开。

③ 通过在页面周围和项目之间留出一定的空白，可以对结构进行整理，并令内容变得易于理解。外观看起来很整洁，也能减轻读者的压力。

After 修改后

使用双栏构成和小标题，视觉效果更整洁

出色的编辑力！

① 将页面分为两栏，减小每行字数

② 使用小标题简要地说明内容

③ 为小标题添加装饰和颜色，使文字更加醒目

对互联网上的评价调查

2021年5月10日

针对用户在思考是否购买商品时有多大程度参考网络评价，以本公司商品的使用者为对象进行了调查。

据说"网络评价"在市场营销中很重要，我们通过使用包括主观题的问卷调查了其对用户的有效性。

本调查中的"网络评论"是指网络上的事物。

调查概要

[调查时间]

2020年6月1日—2020年6月14日

[调查方法]

①店内调查　②网络调查

[调查对象]

①店铺顾客　②电子邮件订阅人

结果

80%的用户将口碑作为参考

大约有78%的用户在被问到"在考虑是否购买产品时会参考网络评价吗？"的回答"经常参考"和"有时会参考"。尽管答案总体上取决于年龄段，但在购买产品时，大约8成用户会参考网络评价。至于网络评价的目的"想知道从未购买过的产品的口碑"最为常见，为64.8%。

我们问以网络评价作为参考的人，哪种网络评价会促使他们购买。通过关键字汇总，除回答"评价高""分数高"和"写有关于商品的积极内容"外，"优缺点都列出了"和"在允许范围内有否定评价"回答较多。不仅是商品的优点，关于缺点的评价可能更加可信，并且很容易促使人们购买。

口碑和购买行为之间关系的边界点是"50年代"

一方面，从50多岁开始，不到一半的人预先在网络上收集信息。60多岁、70多岁的人数更少。这与是否使用智能手机或电脑有一定的关系，可以说是否参考网络评价以50岁为界线。在网上使用网络评价的公关似乎对年轻人更有效果。

女性比男性更容易参考口碑

在对网络评价利用率的回答为"经常参考"和"有时参考"的人中，男女比例为4:6，结果是女性更喜欢使用网络评价。关于网络评价的内容，男性偏向那些明确说明产品规格和特殊功能的产品，而女性则喜欢参考评价者的评价和感受，若评价是艺人或影响力、知名度高的人所写，则更加让她们感兴趣。"有没有本来没有考虑购买但看完评价之后想要购买的经历"，回答"有"的人中男性占38%，而女性以较高比例占54%。可以看出也具有一定诱导"冲动消费"的效果。

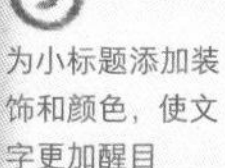

分析

关于社交网站以及购物网站上的评价，许多用户都会主动使用。特别是，十几岁和二十几岁的人购买产品时在互联网上查看评价的比例较高，如果可以在这里成功地宣传，相信效果是很可观的。在某些情况下，即使尚未想过要购买的产品，也可能会因为看到网络评价而购买。相较于男性产品使用网络评价的公关被认为对女性产品更有效。与广告公关相比，具有亲近感的评价更容易让人有好感，在社交网站中发表使用感受，传达设计要点，例如包装等，靠近用户的角度会更具公关效果。

希望此次调查的结果对未来制订活动方案等能够有所帮助。

更多的编辑力！

对于文字量较大的页面，要时刻牢记应便于读者阅读，注意版面设计。

是否因为忙碌而将目的定为"总之就这样提交吧？"，不要忘记报告原本的目的是要让读者很好地理解内容，要认真考虑结构。要点在于对信息进行整理，让内容包括哪些项目一目了然。

标准文书　公司内部宣传　公司内部演示资料　公司对外宣传　促进销售　公司对外演示资料

第1章
05
标准文书
商务礼仪手册

Before
修改前

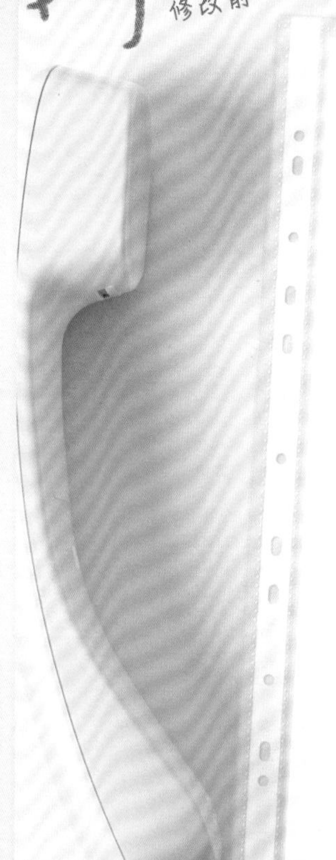

商务礼仪基本手册

商务礼仪是职场工作所需的礼仪，与规章制度不同。
这是能够让每个人舒适并顺利工作的一种礼仪。

寒暄语	在职场或业务合作中，面带微笑向他人打招呼。 *上班时→“早上好” *对要外出的人→“你走好（您走好）” *他人外出返回时→“你回来啦（您回来啦）” *离开公司时→“我先走了”
基础敬语	在工作中，使用敬语表达对他人的关心。 尊敬词有三种类型：尊敬语、谦卑语和礼貌语。 ·尊敬语：抬高他人表示尊敬的方式。 ·谦卑语：降低自己向他人表示尊敬的方式。 ·礼貌语：在词尾添加“desu”和“masu”以表示礼貌。
电话	请记住以下几点，以免接听电话时紧张或失败。 接听时确保声音明亮，有礼貌，并提高音调说话。 接听电话时，说“谢谢您的来电。这里是Wellicom公司”。 *禁止使用“喂”。 ·电话打来时，比任何人都先接起电话。 ·如果接电话较慢，向对方道歉：“很抱歉让您久等了。” ·用清晰的声音说话。 ·如果对方未报出姓名，请礼貌确认。 ·没有听清楚时需要再次向对方确认。 ·如果负责人不在，需要留下便条（要能够知道是谁、做什么、什么时候截止和想要达成的目的）。 ·如果自己无法解决，请勿挂机并与周围的员工核实。 ·如果听不到对方的声音，请告诉对方听不到。 ·如果是投诉电话，请以友好的方式答复，例如“对您造成的不便，我们深表歉意”。

按最低行为标准制作此手册！
有了它会让人十分安心！

要点!

不是“写出来就完成工作了”，不仅要注重规范、高效，还要能够便于理解目的、激发主动性，这才是最佳文书效果。

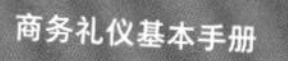

03. 电话应对手册

接听电话的员工的反应直接影响公司的形象，这是一项非常重要的工作。有意识地“响亮而有礼貌”的说话，予人以“微笑”。

接电话时的基本礼仪

●礼貌且清晰地讲话

电话中的印象会影响整个公司的印象，因此请尝试以明亮的音调接听电话。但是，在诸如投诉之类的电话中，请根据内容适当降低声调。

●电话响到第三声时接听电话。

一般会在电话响起时立即接听电话，而不会让对方等待。3次响铃的时间约为10秒。如果在响铃三声以上接电话，请务必在开头时说“对不起，让您久等了”。

●必须复述和记笔记

接听电话时，笔记和书写用具是必不可少的，请将其放置在电话周围，以便随时可以取用。

在接听电话时常见场景的应对方法

●负责人不在场时

最常见的是负责人不在时电话打来。不在的原因有很多，例如外出、出差、生病缺勤和休假等，但是在每种情况下，基本都要告诉对方负责人不在，以及返回的日期和时间，并告诉对方将来可予以答复。

●负责人暂时离开时

告诉对方“现在不在座位上”，避免使用含糊的言语，并尽可能明确地回答，例如“将在5分钟左右回来”。如果对方很着急，可以说“本人xxx，来处理您的事务可以吗”，并将留言记好笔记。

●不要泄露不必要的信息

接听电话时，对方可能会要求你提供手机号码或位置，但禁止泄露公司信息。如果被要求提供手机号码，说：“我先与本人联系，必要时我方再给您回电。”请注意不要泄露不必要的信息。

●当听不到对方的声音时

由于对方音量太小，即使调高了电话音量，也很难听到对方的声音情况很多。在这种情况下，对对方说：“对不起。电话离得太远了，麻烦您再说一遍。”如果您指出对方的声音太小，会显得很失礼，因此，重点是将声音小的原因归咎于电话和无线电波不良。

这样会难以处理非常规情况吧？
要详细说明之所以这样做的思路。

Before 修改前

目的不明确的“事项清单”

商务礼仪基本手册

商务礼仪是职场工作所需的礼仪，与规章制度不同。
这是能够让每个人舒适并顺利工作的一种礼仪。

寒暄语	在职场或业务合作中，面带微笑向他人打招呼。 *上班时→“早上好” *对要外出的人→“你走好（您走好）” *他人外出返回时→“你回来啦（您回来啦）” *离开公司时→“我先走了”
基础敬语	在工作中，使用敬语表达对他人的关心。 尊敬词有三种类型：尊敬语、谦卑语和礼貌语。 尊敬语：抬高他人表示尊敬的方式。 谦卑语：降低自己向他人表示尊敬的方式。 礼貌语：在词尾添加“desu”和“masu”以表示礼貌。
电话	请记住以下几点，以免接听电话时紧张或失败。 接听时确保声音明亮，有礼貌，并提高音调说话。 接听电话时，说“谢谢您的来电。这里是Wellicom公司”。 *禁止使用“喂”。 *电话打来时，比任何人都先接起电话。 *如果接电话较慢，向对方道歉：“很抱歉让您久等了。” *用清晰的声音说话。 *如果对方未报出姓名，请礼貌确认。 *没有听清楚时需要再次向对方确认。 *如果负责人不在，需要留下便条（要能够知道是谁、做什么、什么时候截止和想要达成的目的）。 *如果自己无法解决，请勿挂机并与周围的员工核实。 *如果听不到对方的声音，请告诉对方听不到。 *如果是投诉电话，请以友好的方式答复，例如“对您造成的不便，我们深表歉意”。

① 未划分为不同的场景，不便于使用

② 手册的目的和原因不明确

③ 仅罗列文字，无法想象出相应情况

编辑要点！

不要停留于“手册＝守则”

＼ 强大的编辑力！ ／

① 若不明确“这种情况下”应“这样做”，则难以在实际场景中使用，因此要按场景进行说明。

② 若不写明思路，则会变为“反正遵守这条就行了”。要写明之所以这样做的目的。

③ 不要让读者只是读文字。要让读者想象实际情况去思考，使其可以应对非常规情况。

After 修改后

能够理解之所以这样做的原因

商务礼仪基本手册

03.电话应对手册

接听电话的员工的反应直接影响公司的形象，这是一项非常重要的工作。有意识地“响亮而有礼貌”地说话，予人以“微笑”。

接电话时的基本礼仪

②让读者了解这样做的原因和目的

●礼貌且清晰地说话

电话中的印象会影响整个公司的印象，因此请尝试以明亮的音调接听电话。但是，在诸如投诉之类的电话中，请根据内容适当降低声调。

●电话响到第三声时接听电话

一般会在电话响起时立即接听电话，而不会让对方等待。三次响铃的时间约为10秒。如果在响铃三声以上接电话，请务必在开头时说“对不起，让您久等了”。

●必须复述和记笔记

接听电话时，笔记和书写用具是必不可少的，请将其放置在电话旁，以便随时可以取用。

接听电话时常见场景的应对方法

●负责人不在场时

最常见的是负责人不在时电话打来。不在的原因有很多，例如外出、出差、生病缺勤和休假等，但是在每种情况下，基本都要告诉对方负责人目前不在，以及返回的日期和时间，并告诉对方将来可予以答复。

合格

●负责人暂时离开时

告诉对方“现在不在座位上”，避免使用含糊的言语，并尽可能明确地回答，例如“将在5分钟左右后回来”。如果对方很着急，可以说“本人xxx，来处理您的事务可以吗”，并将留言记好笔记。

●不要泄露不必要的信息

接听电话时，对方可能会要求提供手机号码或位置，但禁止泄露公司信息。如果被要求提供手机号码，可以说：“我先与本人联系，必要时我方再给您回电。”请注意不要泄露不必要的信息。

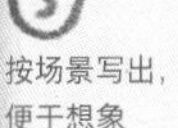

●听不到对方的声音时

有时由于对方音量太小，即使调高了电话音量，也很难听到对方的声音。在这种情况下，对对方说：“对不起。电话离得太远了，麻烦您再说一遍。”如果指出对方的声音太小，会显得很失礼。因此，重点是将声音小的原因归咎于电话和无线电波不良。

在倾注资源进行编写和设计之前，要确定整个手册的规划流程！

在制作手册之前，若未先确定使用什么工具、如何使用、由谁在何时维护，则可能最终会将过多的资源投入到手册的制作中。因此一定要提前共享整体构成。

第1章 06 标准文书

会议纪要

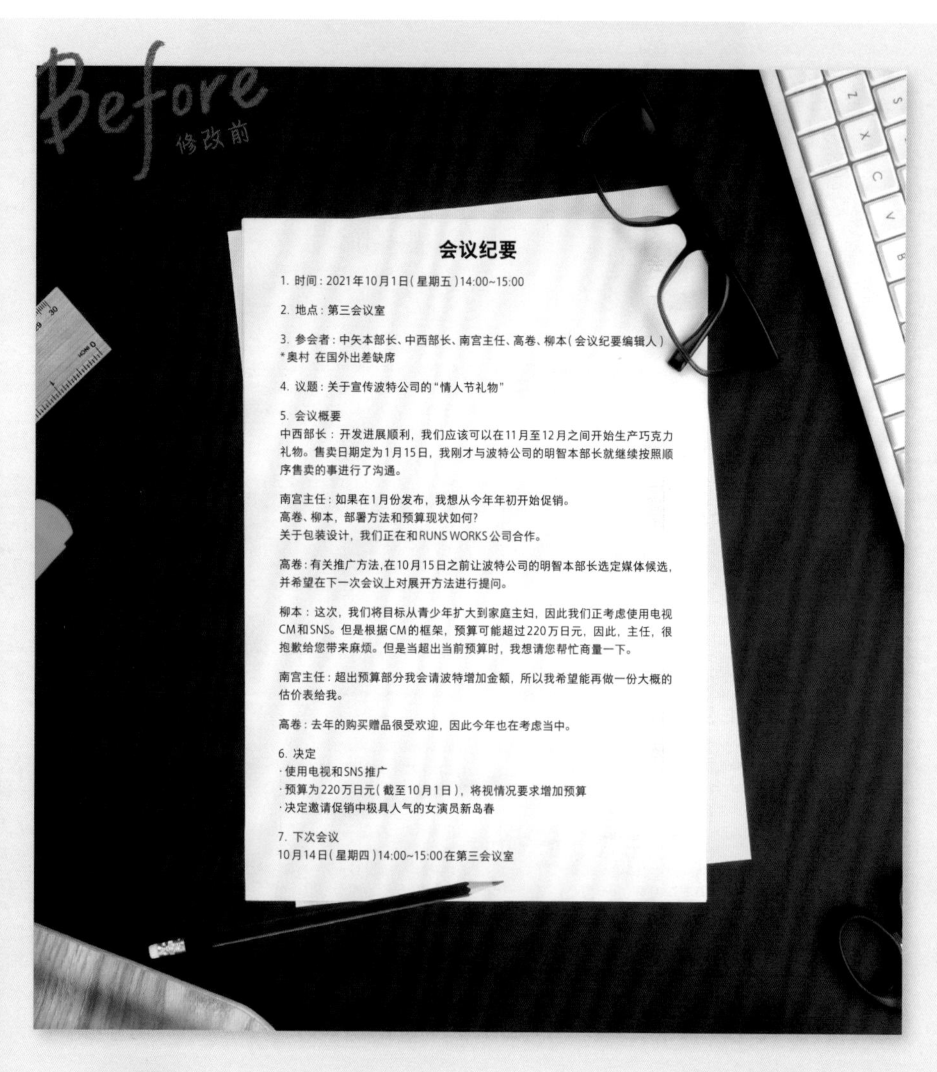

会议纪要

1. 时间：2021年10月1日（星期五）14:00~15:00

2. 地点：第三会议室

3. 参会者：中矢本部长、中西部长、南宫主任、高卷、柳本（会议纪要编辑人）
*奥村 在国外出差缺席

4. 议题：关于宣传波特公司的“情人节礼物”

5. 会议概要
中西部长：开发进展顺利，我们应该可以在11月至12月之间开始生产巧克力礼物。售卖日期定为1月15日，我刚才与波特公司的明智本部长就继续按照顺序售卖的事进行了沟通。

南宫主任：如果在1月份发布，我想从今年年初开始促销。
高卷、柳本，部署方法和预算现状如何？
关于包装设计，我们正在和RUNS WORKS公司合作。

高卷：有关推广方法，在10月15日之前让波特公司的明智本部长选定媒体候选，并希望在下一次会议上对展开方法进行提问。

柳本：这次，我们将目标从青少年扩大到家庭主妇，因此我们正考虑使用电视CM和SNS。但是根据CM的框架，预算可能超过220万日元，因此，主任，很抱歉给您带来麻烦。但是当超出当前预算时，我想请您帮忙商量一下。

南宫主任：超出预算部分我会请波特增加金额，所以我希望能再做一份大概的估价表给我。

高卷：去年的购买赠品很受欢迎，因此今年也在考虑当中。

6. 决定
·使用电视和SNS推广
·预算为220万日元（截至10月1日），将视情况要求增加预算
·决定邀请促销中极具人气的女演员新岛春

7. 下次会议
10月14日（星期四）14:00~15:00在第三会议室

会议纪要该怎么写呢？
没有人教过我……

要点！

会议纪要的重点是将会上的讨论内容、决策及今后方向高效地传达给未出席会议的人。

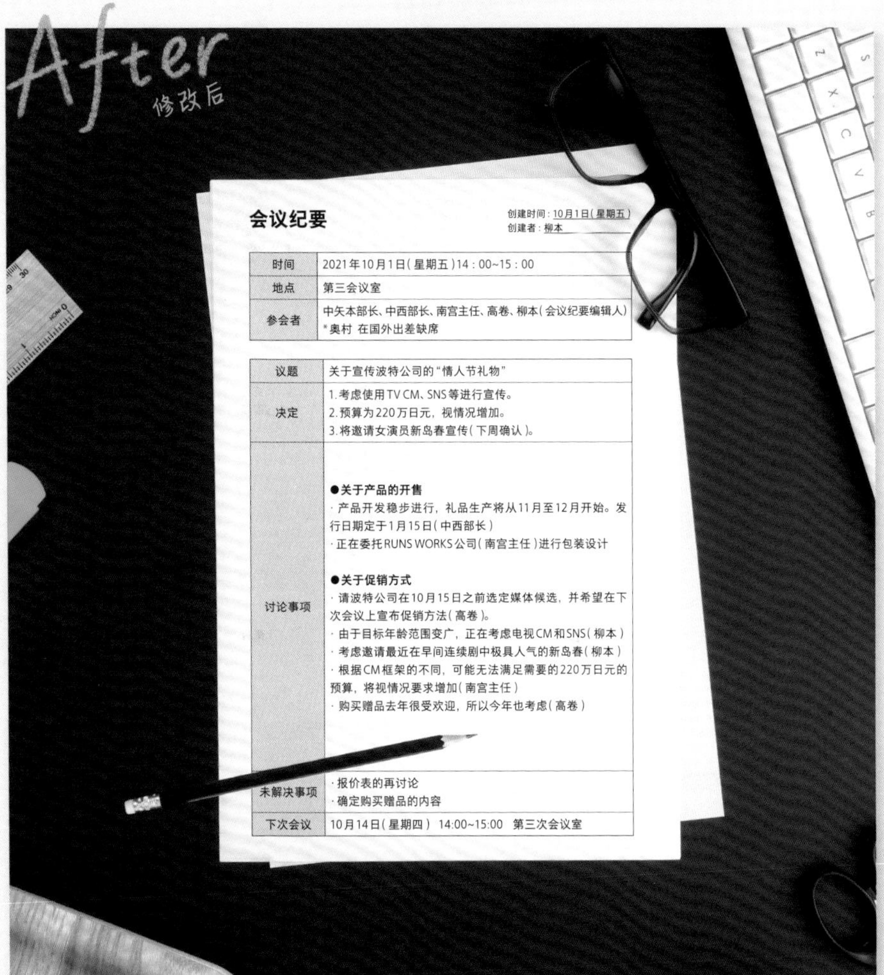

会议纪要

创建时间：10月1日（星期五）
创建者：柳本

时间	2021年10月1日（星期五）14：00~15：00
地点	第三会议室
参会者	中矢本部长、中西部长、南宫主任、高卷、柳本（会议纪要编辑人） ＊奥村 在国外出差缺席

议题	关于宣传波特公司的“情人节礼物”
决定	1.考虑使用TV CM、SNS等进行宣传。 2.预算为220万日元，视情况增加。 3.将邀请女演员新岛春宣传（下周确认）。
讨论事项	●**关于产品的开售** · 产品开发稳步进行，礼品生产将从11月至12月开始。发行日期定于1月15日（中西部长） · 正在委托RUNS WORKS公司（南宫主任）进行包装设计 ●**关于促销方式** · 请波特公司在10月15日之前选定媒体候选，并希望在下次会议上宣布促销方法（高卷）。 · 由于目标年龄范围变广，正在考虑电视CM和SNS（柳本） · 考虑邀请最近在早间连续剧中极具人气的新岛春（柳本） · 根据CM框架的不同，可能无法满足需要的220万日元的预算，将视情况要求增加（南宫主任） · 购买赠品去年很受欢迎，所以今年也考虑（高卷）
未解决事项	· 报价表的再讨论 · 确定购买赠品的内容
下次会议	10月14日（星期四） 14:00~15:00 第三次会议室

这样罗列的话就成了内容陈述……格式已经创建好了，来试试吧，写得简洁些。

标准文书
公司内部宣传
公司内部演示资料
公司对外宣传
促进销售
公司对外演示资料

Before 修改前

成了对话内容记录

会议纪要

1. 时间：2021年10月1日（星期五）14:00~15:00

2. 地点：第三会议室

3. 参会者：中矢本部长、中西部长、南宫主任、高卷、柳本（会议纪要编辑人）
*奥村 在国外出差缺席

4. 议题：关于宣传波特公司的“情人节礼物”

5. 会议概要
中西部长：开发进展顺利，我们应该可以在11月至12月之间开始生产巧克力礼物。售卖日期定为1月15日，我刚才与波特公司的明智本部长就继续按照顺序售卖的事进行了沟通。

南宫主任：如果在1月份发布，我想从今年年初开始促销。
高卷、柳本，部署方法和预算现状如何?
关于包装设计，我们正在和RUNS WORKS公司合作。

高卷：有关推广方法,在10月15日之前让波特公司的明智本部长选定媒体候选，并希望在下一次会议上对展开方法进行提问。

柳本：这次，我们将目标从青少年扩大到家庭主妇，因此我们正考虑使用电视CM和SNS。但是根据CM的框架，预算可能超过220万日元，因此，主任，很抱歉给您带来麻烦。但是当超出当前预算时，我想请您帮忙商量一下。

南宫主任：超出预算部分我会请波特增加金额，所以我希望能再做一份大概的估价表给我。

高卷：去年购买的赠品很受欢迎，因此今年也在考虑当中。

6. 决定
· 使用电视和SNS推广
· 预算为220万日元（截至10月1日），将视情况要求增加预算
· 决定邀请促销中极具人气的女演员新岛春

7. 下次会议
10月14日（星期四）14:00~15:00在第三会议室

① 想要了解情况，但却让人提不起兴趣

② 只是单纯地记录了对话内容

③ 对于决定，并不知道下一步的行动

编辑要点！

会议纪要要快速！要准确！要采用“六何分析法”（5W1H）简洁表达！

① 易于理解和快速浏览是会议纪要的关键。如果是自由格式，则往往需要花费很多时间来填写，因此，可以使用格式。

② 为了让参会者可以轻松回顾、让缺席者可以立即掌握内容，要填写要点，而不是直接照原样记录。

敏锐的编辑力！

③ 填写时要牢记“何时”“何地”“何人”“何事”“何故”“如何”这5W1H，可使会议纪要简明扼要，切中要害。

After 修改后

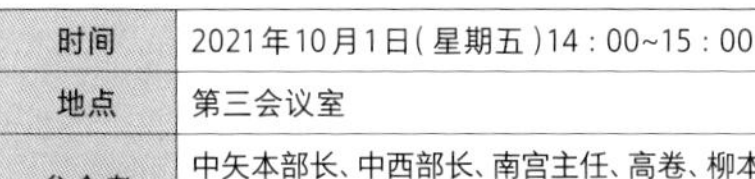

变为以共享为目标的内容

会议纪要

创建时间：10月1日（星期五）
创建者：柳本

合格

时间	2021年10月1日（星期五）14：00~15：00
地点	第三会议室
参会者	中矢本部长、中西部长、南宫主任、高卷、柳本（会议纪要编辑人） *奥村 在国外出差缺席

议题	关于宣传波特公司的"情人节礼物"
决定	1. 考虑使用TV CM、SNS等进行宣传。 2. 预算为220万日元，视情况增加。 3. 将邀请女演员新岛春宣传（下周确认）。
讨论事项	**●关于产品的开售** · 产品开发稳步进行，礼品生产将从11月至12月开始。发行日期定于1月15日（中西部长） · 正在委托RUNS WORKS公司（南宫主任）进行包装设计 **●关于促销方式** · 请波特公司在10月15日之前选定媒体候选，并希望在下次会议上宣布促销方法（高卷）。 · 由于目标年龄范围变广，正在考虑电视CM和SNS（柳本） · 考虑邀请最近在早间连续剧中极具人气的新岛春（柳本） · 根据CM框架的不同，可能无法满足需要的220万日元的预算，将视情况要求增加（南宫主任） · 购买赠品去年很受欢迎，所以今年也考虑（高卷）
未解决事项	· 报价表的再讨论 · 确定购买赠品的内容
下次会议	10月14日（星期四） 14:00~15:00 第三次会议室

① 格式化更容易书写

② 讨论事项仅整理要点

③ 一目了然地看到会议中决定了什么，应该做什么

有讲究的编辑力！

更多的编辑力！

会议纪要应尽可能在当天完成。要抓住重点，尽可能高效地填写。

例如，在Presto会议中，仅利用白板上的照片便可共享，因此可以预先填写参会者和议题等信息来节省时间。另外，发言内容是事实、假设还是建议？如果对这一点多加关注，便可提高准确性。

字体和文字组合

“字体”可能是你经常听到的一个词，但是“文字组合”对于许多人来说可能是陌生的。是垂直书写的吗？还是水平书写的？行间距和字符间距要设置为多大？文字组合是让文字在视觉上更加容易阅读时使用的一个专业用语。

从字体和文字组合中学习编辑力！

文字组合是用于让段落看起来更美观的吧？
老实说，我觉得这与商务文书没什么关系……

无论多么努力地制作，文书总是很长，很难阅读！
到底想说什么？如果对方不能坚持读到最后怎么办？

这可真让人头疼！
这不是写作能力的问题吗？

确实有那个原因。但是，如果学会了如何根据目的选择字体和文字组合，你的文书可能比以往更容易通过！

根据制作文书的类型，最适合的字体、字号和组合方式各有不同。让我们掌握编辑力，增减内容，并在合适的情况下组合这些要点。

编辑要点！

- 节省时间 …… 形成格式，避免手写
- 减轻读者负担 …… 选择字体、字号、行数、字符间距
- 易于理解 …… 段落组合、边距
- 传达重点 …… 强弱等

① 字体

大家会投入多少精力选择字体？可能有的人认为字体是看个人喜好。字体不仅可以改变可读性，还会大幅改变内容给人的印象，甚至可以改变工作的结果。让我们通过以下实例来比较一下。

Before 修改前

准确传达

职场文书中最重要的是准确传达信息。如果难以阅读，会给对方留下负面印象，导致误读数字或遗漏重要信息等，这是很糟糕的。因此字体的选择非常重要。

主张强烈

这里设置标题为宋体，文本设置为黑体并加粗。全书整体偏黑，主张强烈，但读起来很累。此外，正文的存在感强于标题。

After 修改后

① 准确传达

② 职场文书中最重要的是准确传达信息。如果难以阅读，会给对方留下负面印象，导致误读数字或遗漏重要信息等，这是很糟糕的。因此字体的选择非常重要。

信息井井有条

这里将标题设置为黑体并加粗。从标题起依次加入信息，因此没有阅读压力。但是，由于高可视性对于幻灯片十分重要，因此正文也使用了黑体。

Before 修改前

稳定的技术和
讲求细节的工作

文字显得平淡无奇，感觉没有感情。

After 修改后

能够让人感觉到自豪感和可信任感，提升信赖度。

Before 修改前

￥36,850（日元含税）
商品No:17INBB

3/5/6/8、数字1/7与字母I、8/B等形状非常相似，当字号变小时，被误读的可能性非常高。

After 修改后

￥36,850（日元含税）
商品No:17INBB

为了避免在字号变小的情况下出现识别错误，以数字为主要字符的文书应先选择适当的字体。在名片中，英文字母O和数字0也经常被误读。

② 行间距

许多人或许从未更改过行间距。在PowerPoint等中（取决于字体），初始设置的行间距通常较小，这会使较长的句子给读者带来压力，还可能导致阅读过程中看错行。

Before 修改前

“字体”可能是你经常听到的一个词，但是“文字组合”对于许多人来说可能是陌生的。是垂直书写的吗？还是水平书写的？行间距和字符间距要设置为多大？文字组合是让文字在视觉上更加容易阅读时使用的一个专业用语。

无间距

初始设置的行间距过小。

After 修改后

字号的1.5倍

“字体”可能是你经常听到的一个词，但是“文字组合”对于许多人来说可能是陌生的。是垂直书写的吗？还是水平书写的？行间距和字符间距要设置为多大？文字组合是让文字在视觉上更加容易阅读时使用的一个专业用语。

设置为字号的150%~175%最佳。

③ 字符间距

对于许多人来说，“字间距”比“行间距”更少听到。顾名思义，其指字符之间的间距。对于文书类的资料，不必特别注意，但是对于幻灯片和标题，只需对其进行调整，就可以改变可读性。这一点虽然比较简单，但却十分重要！

Before 修改前

易于理解的幻灯片标题

①

10/1（星期五）营业部 吉田

②

①如果间距太宽，则很难将文字的含义带入脑海中。
②全角（），「」，“”等在前后都有很大的空间，这可能导致信息难以传递或突出效果很差。

After 修改后

易于理解的幻灯片标题

10/1(星期五) 营业部 吉田

①即使使用相同的字体，汉字之间也只需调整间距即可轻松阅读。
②通过使用半角( )，可以将“10/1(星期五)”规整为一个单位。

④ 强调

在PowerPoint和Word中，可以为文字添加阴影、反射和轮廓等各种修饰。想强调某些内容时，使用这些效果非常方便。但是，在大多数情况下，反而会增加阅读难度，给读者带来压力，所以要谨慎使用。

Before 修改前

关于夏季凉爽着装的通知

关于夏季凉爽着装的通知

添加边框或阴影可能会导致原始文本模糊，颜色则可能会产生干扰，使文本难以阅读。因此要减少不必要的修饰。

After 修改后

关于夏季凉爽着装的通知

关于夏季凉爽着装的通知

关于夏季凉爽着装的通知

将文字加粗或加下划线，这足以突出文字的重要性。

Before 修改前

可读性是指

是否容易阅读。即读者能否准确、快速阅读，并且一直读也不觉得累。

可视性是指

是否容易识别。即读者能否立即正确地识别和理解内容。

判读性是指

阅读时不存在误读或误解。即读者能否在阅读时正确理解内容的类型和意思。

下划线、斜体这些形式经常被应用在一段话的开头部分以示强调，在这种情况下，读者的视线会被吸引到其他地方，造成阅读困难。因而重要的是要考虑读者的感受。

After 修改后

可读性是指

文书是否容易被读者阅读。即读者能否读得准确、快速，并且一直读也不觉得累。

可视性是指

文书是否容易被读者识别。即读者能否及时正确地识别和理解文书。

判读性是指

在阅读时不存在误读或误解的问题。即读者能否在阅读时不弄错字形和意思。

区分使用文字的粗细、颜色、大小，可使文书清晰易读。若想着重突出某内容，要注意区分“强弱”，而不是一味地“强调”。

这样一比较，就会有一种“虽然只是文字，但是又不仅仅是文字”的感觉！

要制作出让人可以愉悦地读到最后的文书。

第2章

公司内部宣传

01 管理者访谈页面

02 新员工介绍页面

03 会议通知

04 活动海报

05 宣传海报

06 电子邮件杂志

公司内部宣传的目的

公司内部宣传是指公司与员工共享信息并促使员工采取行动的所有沟通。公司要想持续发展，必须增强员工的团队意识和积极性，需要激发组织活跃性，还要理解支持员工的家属。公司规模越大，内部宣传的难度就越大。如果信息单向传递，忙碌的员工就会觉得没有阅读的必要，最后导致没有阅读。为了避免这种情况，需要明确发出内容的目的，并有战略性地考虑如何将内容传达给员工。

第2章
01

公司内部宣传

管理者访谈页面

Before
修改前

~トップインタビュー~

アジアでの市場拡大と、
持続的な成長を目指して。

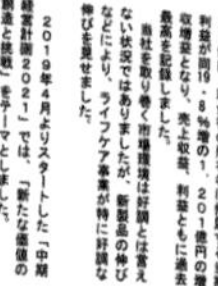

時代の変化を捉え、新たな価値を創造する

キュアックスは、1951年の創業以来、「人々の生活向上と幸せの創造」をスローガンに、時代のニーズの変化を捉え、お客様、そして社会に商品・サービスを提供してきました。常に過去から学び、新たにチャレンジし達成することを創業時から大切にしてきました。

2020年3月の連結業績は、売り上げ収益が前期比5．5%増の4，853億円、税引き前当期利益が同15．4%増の1，329億円、親会社の所有者に帰属する当期利益が同19．8%増の1，201億円の増収増益となり、売上収益、利益ともに過去最高を記録しました。

当社を取り巻く市場環境は好調とは言えない状況ではありましたが、新製品の伸びなどにより、ライフケア事業が特に好調な伸びを見せました。

2019年4月よりスタートした「中期経営計画2021」では、「新たな価値の創造と挑戦」をテーマとしました。

既存事業をさらに大きくすることはもとより、国内はもちろん、市場が大きい世界でさらにキュアックスグループを伸ばしていくことが大切であると考えております。

アジア諸国の経済成長などを背景とし、市場全体の伸びにも期待ができます。現在は台湾、香港、シンガポールにグループ会社があり、商品を販売しています。また、すでに中国市場でも現地代理店と連携し販売を開始しています。

今後の課題は、アジア最大のマーケットである中国でいかにブランド価値を築き、販売を拡大できるかだと思っています。キュアックスの技術力や品質は非常に優れたものであり、まだまだシェア拡大の余地は大きいと捉えています。安全性と高い品質を担保した上で、ライフケア事業の製品を中心に、今年はさらにアジアでの市場拡大を目指します。

目標と向上心を持ち粘り強く

2021年は非常に新しい年になると感じています。これまでやってきた取り組みをこれまで以上に徹底し、大変なことも多々あるかと思いますが、粘り強く目標達成に向けて取り組んでいただきたいと思います。

そのためにも、社員一人ひとりがただ漫然と仕事をするのではなく、向上心を持ち、一年後、「一年前と比べてここが成長した」と言えるような年度にしていただきたいです。目的意識をしっかり持つことで自身の能力向上にも繋がり、それが会社の力になります。

創業70年、今後も成長を続けます

今年は創業70周年を迎える年でもあります。さらに持続的な成長を続けるため、当社はより機動的な会社に生まれ変わります。今後も未来を見据え、また社員一人ひとりが生み出した価値が社会の皆様のお役に立てるよう、社員一同全力で取り組んでまいります。

流动般的黄色背景表现出公司的发展速度。

要点!

其目的不仅是将管理者的愿景传递给员工，更要传递给支持员工的家属，加深家属的理解，进而增强员工的幸福感。

After

修改后

アジアでの市場拡大と
持続的な成長を目指して

時代の変化を捉え、
新たな価値を創造する

キュアックスは、1951年の創業以来、「人々の生活向上と幸せの創造」をスローガンに、時代のニーズの変化を捉え、お客様、そして社会に商品・サービスを提供してきました。常に過去から学び、新たにチャレンジし達成することを創業時から大切にしてきました。

2020年3月の連結業績は、売り上げ収益が前期比5.5%増の4,863億円、税引き前当期利益が同15.4%増の1,329億円、親会社の所有者に帰属する当期利益が同19.8%増の1,201億円の増収増益となり、売上収益、利益ともに過去最高を記録しました。

当社を取り巻く市場環境は好調とは言えない状況ではありましたが、新製品の伸びなどにより、ライフケア事業が特に好調な伸びを見せました。

2019年4月よりスタートした「中期経営計画2021」では、「新たな価値の創造と挑戦」をテーマとしました。

既存事業をさらに大きくすることはもとより、国内はもちろん、市場が大きい世界でさらにキュアックスグループを伸ばしていくことが大切であると考えております。アジア諸国の経済成長などを背景とし、市場全体の伸びにも期待ができます。現在は台湾、香港、シンガポールにグループ会社があり、商品を販売しています。また、すでに中国市場でも現地代理店と連携し販売を開始しています。

今後の課題は、アジア最大のマーケットである中国でいかにブランド価値を築き、販売を拡大できるかだと思っています。キュアックスの技術力や品質は非常に優れたものであり、まだまだシェア拡大の余地は大きいと考えています。安全性と高い品質を担保した上で、ライフケア事業の製品を中心に、今年はさらにアジアでの市場拡大を目指します。

目標と向上心を持ち粘り強く

2021年は非常に新しい年になると感じています。これまでやってきた取り組みをこれまで以上に徹底し、大変なことも多々あるかと思いますが、粘り強く目標達成に向けて取り組んでいただきたいと思います。

そのためにも、社員一人ひとりがただ漫然と仕事をするのではなく、向上心を持ち、一年後、「一年前と比べてここが成長した」と言えるような年度にしていただきたいです。目的意識をしっかり持つことで自身の能力向上にも繋がり、それが会社の力になります。

創業70年、
今後も成長を続けます

今年は創業70周年を迎える年でもあります。さらに持続的な成長を続けるため、当社はより機動的な会社に生まれ変わります。今後も未来を見据え、また社員一人ひとりが生み出した価値が社会の皆様のお役に立てるよう、社員一同全力で取り組んでまいります。

代表取締役社長
安倍博史

TOP INTERVIEW

如果没有体现出管理者的强大气场和氛围，
那将没有任何意义！

Before 修改前

未体现公司的愿景，会导致不安情绪的产生

① 照片过小

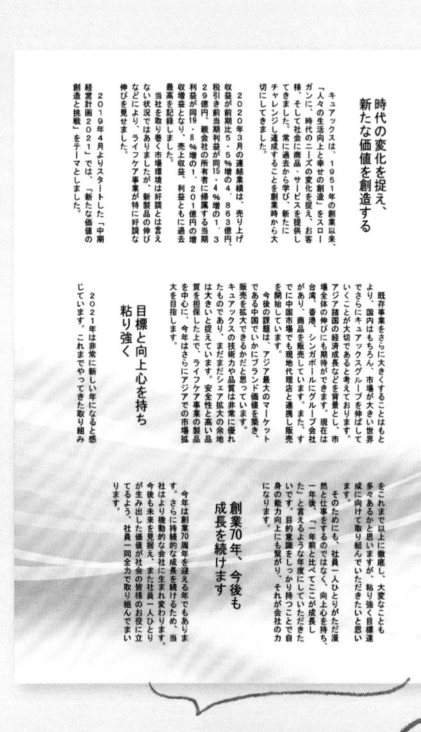

時代の変化を捉え、新たな価値を創造する

キュアックスは、１９５１年の創業以来、「人々の生活向上と幸せの創造」をスローガンに、時代のニーズの変化を捉え、お客様、そして社会に商品・サービスを提供してきました。常に過去から学び、新たにチャレンジし達成することを創業時から大切にしてきました。

２０２０年３月の連結業績は、売り上げ収益が前期比５・５%増の４，８６３億円、税引き前当期利益が同15・４%増の１，３２９億円、親会社の所有者に帰属する当期利益が同19・８%増の１，２０１億円の増収増益となり、売上収益、利益ともに過去最高を記録しました。

当社を取り巻く市場環境は好調とは言えない状況ではありましたが、新製品の伸びなどにより、ライフケア事業が特に好調な伸びを見せました。

２０１９年４月よりスタートした「中期経営計画２０２１」では、「新たな価値の創造と挑戦」をテーマとしました。

既存事業をさらに大きくすることはもとより、国内はもちろん、市場が大きい世界でさらにキュアックスグループを伸ばしていくことが大切であると考えております。

アジア諸国の経済成長などを背景とし、市場全体の伸びにも期待ができます。現在は台湾、香港、シンガポールにグループ会社があり、商品を販売しています。また、すでに中国市場でも現地代理店と連携し販売を開始しています。

今後の課題は、アジア最大のマーケットである中国でいかにブランド価値を築き、販売を拡大できるかだと思っています。キュアックスの技術力や品質は非常に優れたものであり、まだまだシェア拡大の余地は大きいと捉えています。安全性と高い品質を担保した上で、ライフケア事業の製品を中心に、今年はさらにアジアでの市場拡大を目指します。

目標と向上心を持ち粘り強く

２０２１年は非常に新しい年になると感じています。これまでやってきた取り組みをこれまで以上に徹底し、大変なことも多々あるかと思いますが、粘り強く目標達成に向けて取り組んでいただきたいと思います。

そのためにも、社員一人ひとりがただ漫然と仕事をするのではなく、向上心を持ち、一年後、「一年前と比べてここが成長した」と言えるような年度にしていただきたいです。目的意識をしっかり持つことで自身の能力向上にも繋がり、それが会社の力になります。

創業70年、今後も成長を続けます

今年は創業70周年を迎える年でもあります。さらに持続的な成長を続けるため、当社はより機動的な会社に生まれ変わります。今後も未来を見据え、また社員一人ひとりが生み出した価値が社会の皆様のお役に立てるよう、社員一同全力で取り組んでまいります。

～トップインタビュー～

代表取締役社長
安倍博史

アジアでの市場拡大と、
持続的な成長を目指して。

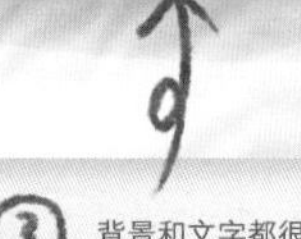

② 纵向布局给人一种僵硬的感觉，数字也很难读取

③ 背景和文字都很老套

编辑要点!

清晰明确“要向人们传递什么”

＼ 最重要的是编辑力! ／

① 如果照片很小，就无法传达出管理者的个性和气质。使用尺寸大的照片，可以令观者从页面感受到管理者的强势气场和氛围。

② 如果在PowerPoint中使用纵向布局，数字和小数点都不容易被读取。而横向布局则给人以简明、易懂的印象。

③ 老套的搭配和背景无法让人感受到公司的变化和发展。采用大胆、简洁的版面设计，则会使页面更具气势。

After 修改后

展现了高层强势的思想和气质

最重要的是编辑力！

① 用大尺寸照片，气质氛围更突出

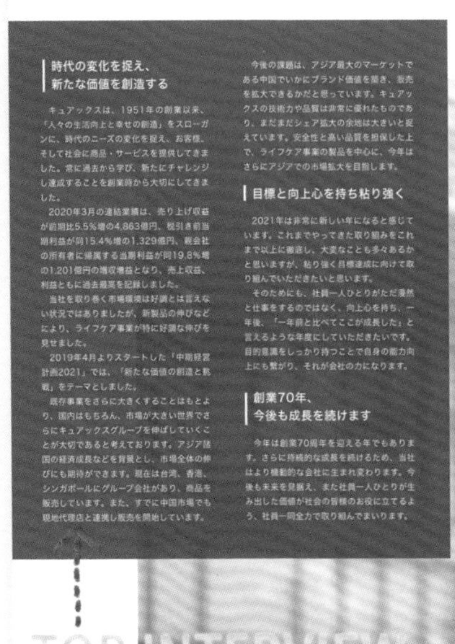

時代の変化を捉え、新たな価値を創造する

キュアックスは、1951年の創業以来、「人々の生活向上と幸せの創造」をスローガンに、時代のニーズの変化を捉え、お客様、そして社会に商品・サービスを提供してきました。常に過去から学び、新たにチャレンジし達成することを創業時から大切にしてきました。

2020年3月の連結業績は、売り上げ収益が前期比5.5%増の4,863億円、税引き前当期利益が同15.4%増の1,329億円、親会社の所有者に帰属する当期利益が同19.8%増の1,201億円の増収増益となり、売上収益、利益ともに過去最高を記録しました。

当社を取り巻く市場環境は好調とは言えない状況ではありましたが、新製品の伸びなどにより、ライフケア事業が特に好調な伸びを見せました。

2019年4月よりスタートした「中期経営計画2021」では、「新たな価値の創造と挑戦」をテーマとしました。

既存事業をさらに大きくすることはもとより、国内はもちろん、市場が大きい世界でさらにキュアックスグループを伸ばしていくことが大切であると考えております。アジア諸国の経済成長などを背景とし、市場全体の伸びにも期待ができます。現在は台湾、香港、シンガポールにグループ会社があり、商品を販売しています。また、すでに中国市場でも現地代理店と連携し販売を開始しています。

今後の課題は、アジア最大のマーケットである中国でいかにブランド価値を築き、販売を拡大できるかだと思っています。キュアックスの技術力や品質は非常に優れたものであり、まだまだシェア拡大の余地は大きいと捉えています。安全性と高い品質を担保した上で、ライフケア事業の製品を中心に、今年はさらにアジアでの市場拡大を目指します。

目標と向上心を持ち粘り強く

2021年は非常に新しい年になると感じています。これまでやってきた取り組みをこれまで以上に徹底し、大変なことも多々あるかと思いますが、粘り強く目標達成に向けて取り組んでいただきたいと思います。

そのためにも、社員一人ひとりがただ漫然と仕事をするのではなく、向上心を持ち、一年後、「一年前と比べてここが成長した」と言えるような年度にしていただきたいです。目的意識をしっかり持つことで自身の能力向上にも繋がり、それが会社の力になります。

創業70年、今後も成長を続けます

今年は創業70周年を迎える年でもあります。さらに持続的な成長を続けるため、当社はより機動的な会社に生まれ変わります。今後も未来を見据え、また社員一人ひとりが生み出した価値が社会の皆様のお役に立てるよう、社員一同全力で取り組んでまいります。

② 横向布局更加便于阅读

③ 版面设计更加大胆有气势

更多的编辑力！

保持品质

改革与挑战

根据信息内容更改标题的形式，有助于传递更深层次的信息。

如果内容是关于“保留传统”或“追求品质”，那么标题使用宋体，就会更显诚意。另一方面，如果内容是具有大胆果断风格的“改革”或“开拓新的市场”，那么使用黑体粗体标题可能更具有冲击力。

第2章

02

公司内部宣传

新员工介绍页面

在新员工的介绍页上装饰了樱花，
因而显得页面比较紧凑！

要点!

介绍新员工的目的是增强公司内部的团队意识，激发组织活跃性。为了传达这一理念，我们需要选择使用一个更为生动的版面设计。

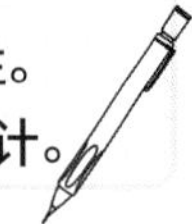

2021年度 新入社員紹介

営業部

佐藤 建治

この度入社いたしました佐藤建治です。何事にも前向きに取り組み、見て、聞いて、たくさん勉強して、皆さまのように当社のお力になれるよう努力いたしますので、どうぞよろしくお願いいたします。

営業部

井上 真緒

この春入社いたしました井上真緒と申します。当社の社員の一員として一日でも早く戦力になれるよう精進して参ります。多々ご迷惑をおかけすることもあるかと思いますが、よろしくお願いいたします。

広報部

水河 明美

この春入社いたしました水河明美と申します。当社でたくさんのことを学び、人としても成長し、早く当社のお力になれるよう精一杯努力いたします。これからどうぞよろしくお願いいたします。

中村 智也

この度入社いたしました中村智也です。当社の名に恥じぬよう、同期の皆さまや諸先輩方と力を合わせ、より魅力的な会社を作っていけるよう、日々努力して参ります。よろしくお願いいたします。

4月に入社した8名です。個性豊かな新入社員にぜひご期待ください！

経営企画部

田中 啓

この春より経営企画部に配属されました、田中啓です。社会人になったという自覚をしっかり持ち、日々精進していく所存です。未熟者ですが、ご指導ご鞭撻のほどよろしくお願いいたします。

経営企画部

多部 里佳子

この度入社いたしました多部里佳子です。わからないことばかりでご迷惑おかけすることもあるかと思いますが、何事にも前向きに取り組みますので、ご指導ご鞭撻のほど、よろしくお願いいたします。

カスタマーサポート部

上野 百合

この春より入社いたしました、上野百合と申します。学生時代の運動部マネージャーの経験から、人の力になれるお仕事がしたいと考えておりました。ご指導のほど、何卒よろしくお願いいたします。

生産管理部

岡田 正樹

この春より生産管理部に配属が決まりました、岡田正樹と申します。先輩方や上司の皆さま、そして会社のお役に立てるよう、一生懸命頑張りますので、これからどうぞよろしくお願いいたします。

介绍新员工也是内部沟通的重要一环。
让我们选择更为新颖的版面设计吧！

Before 修改前

会过度关注人以外的部分

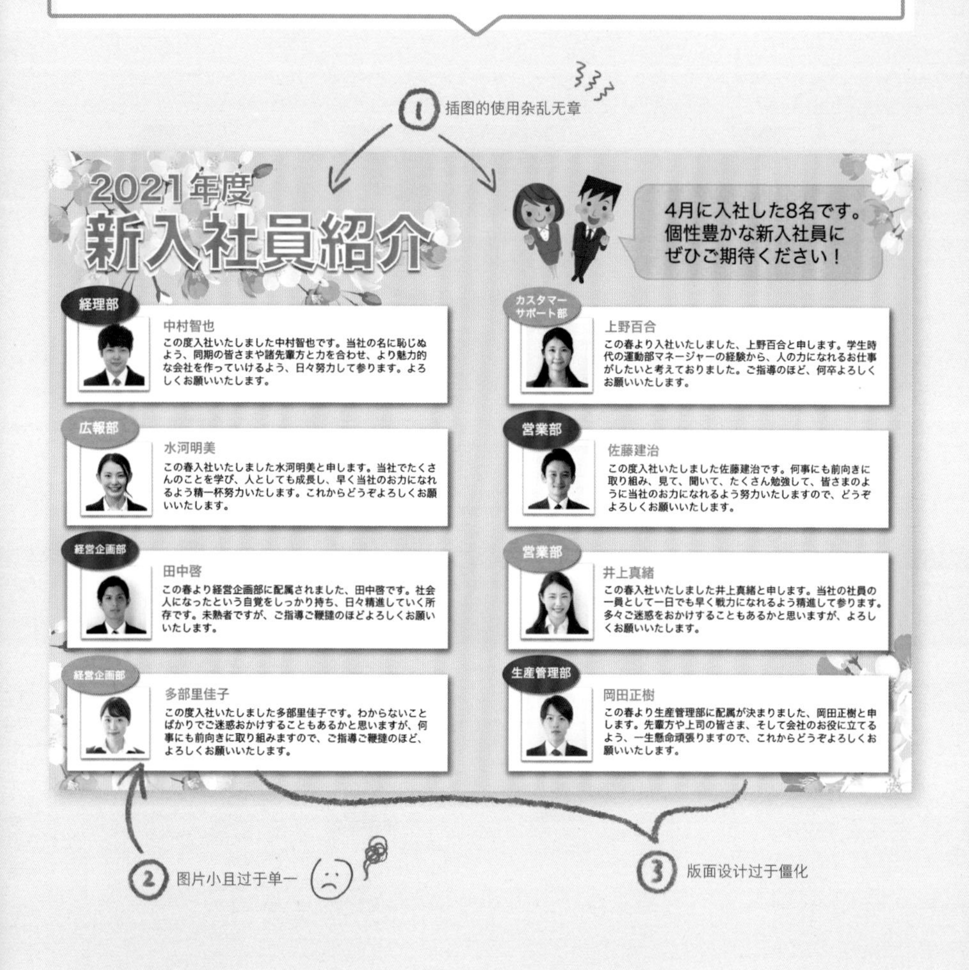

编辑要点!

避免过分修饰，灵活排版图片

讲究的编辑力

① 如果插图比照片更突出，页面就会变得杂乱无章。去掉不必要的插图，尽量使用适合新员工的清新色彩。

② 如果把所有照片都按证件照尺寸排列在一起，那么所有员工看起来都没有什么不同。使用表达个性的照片会更好。

③ 僵化的布局会给人沉重的印象。简单的搭配更能吸引人们关注新员工的信息。

After 修改后

吸引人关注的版面设计

去掉不必要的插图，会让人眼前一亮

FRESH ERS

2021年度 新入社員紹介

4月に入社した8名です。個性豊かな新入社員にぜひご期待ください！

佐藤 建治

この度入社いたしました佐藤建治です。何事にも前向きに取り組み、見て、聞いて、たくさん勉強して、皆さまのように当社のお力になれるよう努力いたしますので、どうぞよろしくお願いいたします。

営業部

井上 真緒

この春入社いたしました井上真緒と申します。当社の社員の一員として一日でも早く戦力になれるよう精進して参ります。多々ご迷惑をおかけすることもあるかと思いますが、よろしくお願いいたします。

経営企画部

田中 啓

この春より経営企画部に配属されました、田中啓です。社会人になったという自覚をしっかり持ち、日々精進していく所存です。未熟者ですが、ご指導ご鞭撻のほどよろしくお願いいたします。

経営企画部

多部 里佳子

この度入社いたしました多部里佳子です。わからないことばかりでご迷惑おかけすることもあるかと思いますが、何事にも前向きに取り組みますので、ご指導ご鞭撻のほど、よろしくお願いいたします。

広報部

水河 明美

この春入社いたしました水河明美と申します。当社でたくさんのことを学び、人としても成長し、早く当社のお力になれるよう精一杯努力いたします。これからどうぞよろしくお願いいたします。

経理部

中村 智也

この度入社いたしました中村智也です。当社の名に恥じぬよう、同期の皆さまや諸先輩方と力を合わせ、より魅力的な会社を作っていけるよう、日々努力して参ります。よろしくお願いいたします。

カスタマーサポート部

上野 百合

この春より入社いたしました、上野百合と申します。学生時代の運動部マネージャーの経験から、人の力になれるお仕事がしたいと考えておりました。ご指導のほど、何卒よろしくお願いいたします。

生産管理部

岡田 正樹

この春より生産管理部に配属が決まりました、岡田正樹と申します。先輩方や上司の皆さま、そして会社のお役に立てるよう、一生懸命頑張りますので、これからどうぞよろしくお願いいたします。

用较大的照片，可以更好地感受照片中人物的整体感觉和氛围

讲究的编辑力！

除去无用的框架和阴影，使用简洁的版面设计

更多的编辑力！

只要在照片的呈现方式上稍加巧思，就能营造出动感，让页面更加生动。

统一风格的照片并不能传递出每个人的魅力。使用非固定场景的照片或裁剪人物的照片，不仅会使页面具有动感，还会增添趣味性。使用PowerPoint便可以很容易地裁剪图像。

第2章 03

公司内部宣传

会议通知

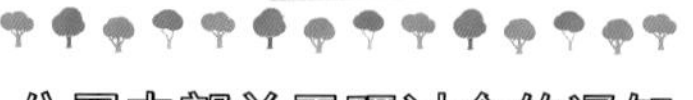

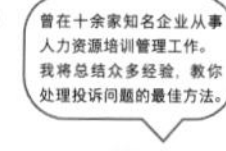

公司内部关于研讨会的通知

2021年6月12日　星期六　14：00~16：00

管理顾问
投诉处理研究小组 冈部冴子

主题

从今天开始，你也可以成为客户服务专家

索赔处理能力提升研讨会

身为客服行业从业人员，我们每天都要与各种客户面对面交流，投诉问题是我们必须要面对的问题。针对“我不太擅长处理投诉问题，这让我觉得每天的工作都很压抑。”“我已经在着手处理投诉问题了，但我仍希望能够做得比我现在做得更好，让客户更加满意。”“我希望能够以客户满意的方式处理投诉，把投诉的客户转变成为我们的回头客。”“能否在一定程度上在投诉发生前就减轻投诉发生的概率？”等上述一系列问题，我们将帮助您消除您的所有烦恼，共同学习如何减少投诉，如何正确处理投诉问题，如何提高工作积极性。

研讨会内容

首先，我们将解释说明为什么投诉会发生，并且对常见的投诉原因按其所属的类型分开阐述。在学习了如何处理各种各样的投诉问题之后，通过角色模拟的方式从实践中学习那些可以立刻运用于职场的技能。

①参与者将分别扮演不同类型的“工作人员”和“顾客”，进行投诉场景的角色模拟。

②参会人员应该从各种各样的立场和角度出发，交流、讨论、考察模拟过程中出现的问题。

③参会人员会将总结出来的方案改进，之后再进行练习，最后再转换角色进行角色模拟，以此来彻底消除对处理投诉问题的恐惧和疑惑。

活动地点：三丸百货12层会议室B

报名费用：免费

咨询电话：03-1234-5678（三丸百货客户接待室）

报名请填写表格并传真至00-0000-0000。

姓名	所属部门	联系电话

因为希望更多的人能参与进来，
所以整理总结了很多内容。

要点!

开展研讨会不是目的，要在明确公司目的和了解学员的基础上编辑资料。

从今天开始，你也可以成为客户服务专家

报名费用
免费

索赔处理能力提升研讨会

身为客服行业从业人员，我们每天都要与各种客户面对面交流，投诉问题是我们必须要面对的问题。

我们将帮助您消除您的所有烦恼，共同学习如何减少投诉，如何正确处理投诉问题，如何提高工作积极性。

例如，我们可以解决下述问题

- 我不太擅长处理投诉问题，这让我觉得每天的工作都很压抑。
- 我已经在着手处理投诉问题了，但我仍希望能够做得更好，让客户更加满意。
- 我希望能够以客户满意的方式处理投诉，把投诉的客户转变成为我们的回头客。
- 能否在一定程度上在投诉发生前就减轻投诉发生的概率？

研讨会内容

1. 参与者将分别扮演不同类型的“工作人员”和“顾客”，进行投诉场景的角色模拟。
2. 参会人员应该从各种各样的立场和角度出发，交流、讨论、考察模拟过程中出现的问题。
3. 参会人员会将总结出来的方案改进，之后再进行练习，最后再转换角色进行角色模拟，以此来彻底消除对处理投诉问题的恐惧和疑惑。

讲师

管理顾问
投诉处理研究小组
冈部冴子

曾在十余家知名企业从事人力资源培训管理工作。
我将总结众多经验，教你处理投诉问题的最佳方法。

时间 2021年 6/12(周六) 14:00~16:00
13:30 开始检票

活动地点 三丸百货12层会议室B

咨询电话 03-1234-5678（三丸百货客户接待室）

报名请填写表格并传真至00-0000-0000。

	①	②	③	④
姓名				
所属部门				
联系电话				

人们在繁忙的时候不会细细地看细小的字……因而要让人们猛然看到时有一种“呀”的意想不到的冲击感。

Before 修改前

没有说明参加活动的益处

①无法一眼快速得知研讨会的具体内容

②无法快速直接得知“参加研讨会的必要性”和“我们从研讨会中可以学习到什么”

③对于那些从来没有参加过研讨会的人来说，光是读取文中的图片和文字无法使他们产生对讨会该有的认识，因而会使他们感到不安

曾在十余家知名企业从事人力资源培训管理工作。我将总结众多经验，教你处理投诉问题的最佳方法。

公司内部关于研讨会的通知

2021年6月12日　星期六　14：00~16：00

管理顾问
投诉处理研究小组 冈部汐子

主题　从今天开始，你也可以成为客户服务专家
索赔处理能力提升研讨会

身为客服行业从业人员，我们每天都要与各种客户面对面交流，投诉问题是我们必须要面对的问题。针对“我不太擅长处理投诉问题，这让我觉得每天的工作都很压抑。”“我已经在着手处理投诉问题了，但我仍希望能够做得比我现在做得更好，让客户更加满意。”“我希望能够以客户满意的方式处理投诉，把投诉的客户转变成为我们的回头客。”“能否在一定程度上在投诉发生前就减轻投诉发生的概率?”等上述一系列问题，我们将帮助您消除您的所有烦恼，共同学习如何减少投诉，如何正确处理投诉问题，如何提高工作积极性。

研讨会内容　首先,我们将解释说明为什么投诉会发生,并且对常见的投诉原因按其所属的类型分开阐述。在学习了如何处理各种各样的投诉问题之后，通过角色模拟的方式从实践中学习那些可以立刻运用于职场的技能。
①参与者将分别扮演不同类型的“工作人员”和“顾客”，进行投诉场景的角色模拟。
②参会人员应该从各种各样的立场和角度出发，交流、讨论、考察模拟过程中出现的问题。
③参会人员会将总结出来的方案改进，之后再进行练习，最后再转换角色进行角色模拟，以此来彻底消除对处理投诉问题的恐惧和疑惑。

活动地点：三丸百货12层会议室B
报名费用：免费
咨询电话：03-1234-5678(三丸百货客户接待室)

报名请填写表格并传真至00-0000-0000。

姓名	所属部门	联系电话

编辑要点!

首先要表达主办方的中心思想

最重要的是编辑力!

①首先，要让人们产生兴趣。标题要醒目简洁，让忙碌的员工们能一目了然地了解内容。

②文字过多过长，会使读者望而却步。将参与研讨会的益处总结出来，会更容易吸引人们参与活动!

③尽管这是一场严肃认真的研讨会，但使用图片会增添欢快的气氛，参加会议的心情也会变得轻松起来。

After 修改后

让人看到就想要挤出时间来参加

① 只看一眼便快速得知研讨会的具体内容

③ 使用研讨会的相关图片，人们可以从图片中感受到研讨会的氛围和感觉

最重要的是编辑力！

② 将参加研讨会的益处逐项列出，增强人们参与的积极性

从今天开始，你也可以成为客户服务专家

索赔处理能力提升研讨会

身为客服行业从业人员，我们每天都要与各种客户面对面交流，投诉问题是我们必须要面对的问题。

我们将帮助您消除您的所有烦恼，共同学习如何减少投诉，如何正确处理投诉问题，如何提高工作积极性。

例如，我们可以解决下述问题

- 我不太擅长处理投诉问题，这让我觉得每天的工作都很压抑。
- 我已经在着手处理投诉问题了，但我仍希望能够做得更好，让客户更加满意。
- 我希望能够以客户满意的方式处理投诉，把投诉的客户转变成为我们的回头客。
- 能否在一定程度上在投诉发生前就减轻投诉发生的概率？

研讨会内容

1. 参与者将分别扮演不同类型的“工作人员”和“顾客”，进行投诉场景的角色模拟。
2. 参会人员应该从各种各样的立场和角度出发，交流、讨论、考察模拟过程中出现的问题。
3. 参会人员会将总结出来的方案改进，之后再进行练习，最后再转换角色进行角色模拟，以此来彻底消除对处理投诉问题的恐惧和疑惑。

讲师

管理顾问
投诉处理研究小组
冈部冴子

曾在十余家知名企业从事人力资源培训管理工作。
我将总结众多经验，教你处理投诉问题的最佳方法。

时间 2021年 6/12(周六) 14:00~16:00 13:30开始检票

活动地点 三丸百货12层会议室B

咨询电话 03-1234-5678（三丸百货客户接待室）

报名请填写表格并传真至00-0000-0000。

	①	②	③	④
姓名				
所属部门				
联系电话				

更多的编辑力！

Before 修改前

After 修改后

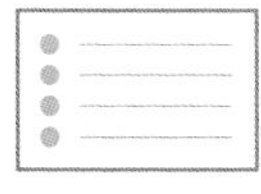

把参加研讨会的益处逐项列出，更容易劝说上司和周围的人参加研讨会。

如果传达内容过多，会导致文本过长，读者就需要花时间去理解。如果内容一目了然，不仅能让读者准确了解研讨会内容，也有利于公司内部审批工作的顺利进行。

第2章
04
公司内部宣传
活动海报

赠送礼品

弥富工厂
家庭日活动！

活动日期：2021年10月23日（星期六）
活动时间：10:00~17:00
※请于当日上午9:45前到前台办理
活动地点：弥富工厂总部

平时我们的家人总会询问我们：你在什么地方工作，工作内容是什么？
此次活动将以观察和体验的方式，让你的家人们看到平时看不到的你所处的工作环境，不仅会让他们更加了解你的工作，对公司放心，还有利于家庭内部更加愉快地沟通！请大家把握此次机会，和全家人一起参加家庭日活动！（活动当日可能会弄脏衣服，请穿便于活动的衣服。）

家庭日的内容
①社长致辞　②参会人员自我介绍　③公司介绍、工厂参观
④午餐联欢会（户外BBQ聚会）　⑤木工作业

※ 申请截止日期：8月27日（星期五）

我们尽可能更多地附上了展现公司氛围的照片和活动信息！

要点!

对于家庭成员参加的活动，可以设计一些有利于家庭沟通和方便家人了解工作内容的部分，使人们看到就可以产生参加的兴趣。

如果没有产生“我想和我的家人一起参与呢”的想法，那么这张海报做得就不够令人兴奋，不够吸引人。

Before 修改前

没有设身处地考虑参与人员的想法

赠送礼品

弥富工厂
家庭日活动!

活动日期：2021年10月23日（星期六）。
活动时间：10:00~17:00
请于当日上午9:45前到前台办理。
活动地点：弥富工厂总部

平时我们的家人总会询问我们：你在什么地方工作，工作内容是什么？
此次活动将以观察和体验的方式，让你的家人们看到平时看不到的你所处的工作环境，不仅会让他们更加了解你的工作，对公司放心，还有利于家庭内部更加愉快地沟通！
请大家把握此次机会，和全家人一起参加家庭日活动！（活动当日可能会弄脏衣服，请穿便于活动的衣服。）

家庭日的内容
①社长致辞　②参会人员自我介绍　③公司介绍、工厂参观
④午餐联欢会（户外BBQ聚会）　⑤木工作业

※申请截止日期：8月27日（星期五）

① 没有明确规定小朋友的年龄限制以及预计到场的人数

② 图片过于抽象，无法展现一家人参与活动的欢乐氛围

③ 无法通过图片想象活动的具体形式

编辑要点！

以业务改进为目的的格式化制作

要细致地进行编辑

① 务必以简单明了的方式呈现所有必要的信息，以便有参与意向的人可以立刻判断他们是否有资格申请参加。

② 在选择照片的时候，要选择能明确展现活动内容的照片。建议多使用全家人其乐融融参与活动的照片。

③ 请附上活动的时间安排和照片。这样更容易体现当天的流程和欢乐的氛围。

After 修改后

了解活动流程，产生参加兴趣，报名参加

合格

② 图片清晰地展现一家人参与活动的欢乐氛围

特别是编辑方法

平时我们的家人总会询问我们：你在什么地方工作，工作内容是什么？
此次活动将以观察和体验的方式，让你的家人们看到平时看不到的你所处的工作环境，不仅会让他们更加了解你的工作，对公司放心，还有利于家庭内部更加愉快地沟通！请大家把握此次机会，和全家人一起参加家庭日活动！（活动当日可能会弄脏衣服，请穿便于活动的衣服。）

10:00~ 社长致辞

10:15~ 参会人员自我介绍

10:30~ 公司介绍、工厂参观

12:00~ 户外BBQ联欢会

13:30~ 木工作业

自行制作的物品是赠品，可带回家

③ 可以了解活动的数量和内容

① 可以瞬间判断“我家是不是目标群体呢？”

当日详情

申请截止日期 8/27（星期五）
资格限制 小学一年级学生
预计到场 50名
活动地点 弥富工厂总部
● 当日有木工活动，可能会弄脏衣服，请穿便于活动的衣服。（如果您有围裙建议您带围裙参加活动）

更多的编辑力!

Before 修改前

活动内容

①社长致辞 ②参会人员自我介绍
③工厂参观 ④聚餐

After 修改后

活动内容

①10：00~社长致辞
②10：15~参会人员自我介绍
③10：30~工厂参观
④12：00~聚餐
⑤13：30~本工作业

如果你能附上整天的时间安排，会更容易呈现活动的内容，给人更加亲近的印象。

家庭日和其他面向家庭的活动是可以让儿童和成人都参与的活动。如果能够提前知道什么时间可以就餐，什么时间有有趣的活动等，那么带着孩子的家长们就也可以放心地参加活动了。

第2章
05

公司内部宣传

宣传海报

Before
修改前

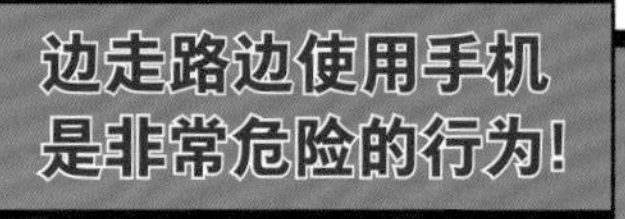

不要边走路边使用手机等
这种分散注意力的事情

当你边走路边使用智能手机时，你会沉浸其中，注意力全部集中在手机屏幕上，以至于没有注意到周围的人。

边走路边使用手机可能会令人们摔倒、从台阶上摔下来或与其他行人刮碰而受伤，是非常危险的行为。

在大楼内行走时，请不要查看工作邮件或拨打电话。

如果迫不得已要在楼内使用智能手机或其他设备，一定要在使用前停下脚步，检查自身和他人的安全。

此外，不要在驾驶车辆时使用智能手机。

STOP!边开车边使用手机

公司礼仪

公司礼仪的完善
企划形象代言人
小捕君

多插入一些相关图片可以更好地体现边走路边使用手机的危险性。

要点!

不同于临时性的邮件和文书，海报需要在一段时间内被张贴在公司的醒目位置，以便让全体员工都了解到海报上的信息。

人们看到海报的方式和所处的状况可能会分散人们的注意力……
宣传海报最重要的就是要有视觉冲击性。

Before 修改前

要素过多且混乱，无法产生清晰的认识

边走路边使用手机是非常危险的行为！

不要边走路边使用手机等这种分散注意力的事情

① 色彩运用过多，宣传标语不够突出

② 由于所运用的装饰素材过多，在信息读取时会扰乱人们的视线

危险！

当你边走路边使用智能手机时，你会沉浸其中，注意力全部集中在手机屏幕上，以至于没有注意到周围的人。

边走路边使用手机可能会令人们摔倒、从台阶上摔下来或与其他行人刮碰而受伤，是非常危险的行为。

在大楼内行走时，请不要查看工作邮件或拨打电话。

如果迫不得已要在楼内使用智能手机或其他设备，一定要在使用前停下脚步，检查自身和他人的安全。

此外，不要在驾驶车辆时使用智能手机。

③ 插入的图片没有真实感

公司礼仪

公司礼仪的完善企划形象代言人小捕君

编辑要点！

不要在海报里使用太多要素，尽量使用简单的语言和版面设计

讲究的编辑力

① 宣传标语要简单明了，过多的装饰素材会使主要信息模糊不清，尽量浓缩海报主要信息。

② 使用的颜色数量越少，信息受到的关注就越强烈。使用红色和黄色可以提示人们注意，而使用绿色则可以传达环保意识。根据不同目的选择配色，可以更好地达到我们需要的效果。

③ 与其说是使用插图，不如说是使用一张具有视觉冲击力和真实感的大照片来吸引人们的注意力，这样更容易发挥宣传海报的作用。

After 修改后

信息明确，可以被直接快速读取

当你在大楼内行走且有必须要回复的邮件或电话时，一定要在使用手机前停下脚步，检查自身和他人的安全。
除此之外，千万不要在驾驶车辆时使用智能手机或其他设备，切忌所谓的“边开车边使用手机”。

公司礼仪

公司礼仪的完善企划形象代言人小捕君

① 使用倾斜放大的文字，营造一种警示不要边走路边看手机的作用

② 集中使用红色和黄色，传递提示信息

讲究的编辑力！

③ 使用视觉上具有冲击力的大图片

更多的编辑力！

这种版面设计不仅简单还在视觉上具有冲击力，是制作版面设计时的首选。

在公司内部制作海报可能具有一定的难度。但是如果你掌握了一些版面设计的类型，就可以把它们运用到海报、传单以及其他各种各样的设计之中，只需要简单的形状和文字就可以完成，请大家一定要尝试一次。

公司内部宣传

电子邮件杂志

这需要花很长时间来制作……
大家可以先阅读……

要点!

公司内部电子邮件杂志的作用与公司内报的作用基本相同。它总被认为没有什么作用但可以传达最实时的信息，也可以更好地提高员工的工作积极性。

那样太复杂了，我们需要想办法在呈现内容时做到既让员工有兴趣阅读，同时又不需要花费太多精力。

Before 修改前

没有站在读者的立场上考虑

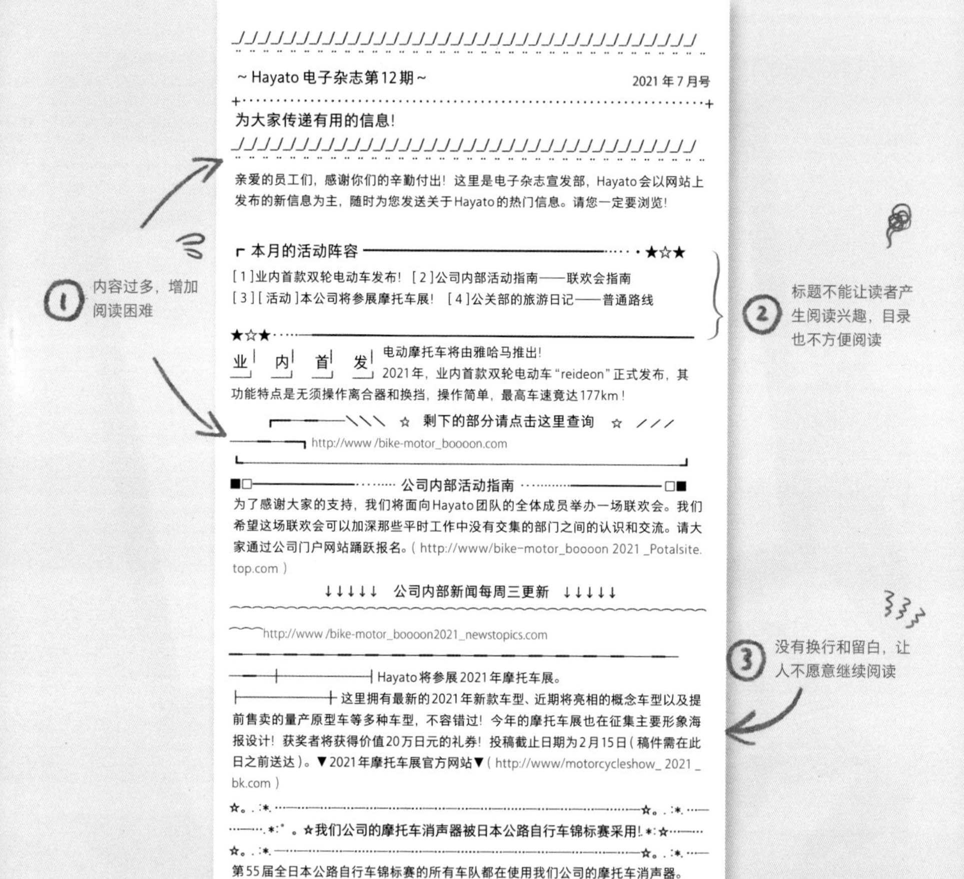

~ Hayato 电子杂志第12期 ~ 2021年7月号

为大家传递有用的信息!

亲爱的员工们，感谢你们的辛勤付出！这里是电子杂志宣发部，Hayato会以网站上发布的新信息为主，随时为您发送关于Hayato的热门信息。请您一定要浏览!

┌ 本月的活动阵容 ★☆★

[1]业内首款双轮电动车发布！ [2]公司内部活动指南——联欢会指南
[3][活动]本公司将参展摩托车展！ [4]公关部的旅游日记——普通路线

★☆★

业 内 首 发 电动摩托车将由雅哈马推出!
2021年，业内首款双轮电动车“reideon”正式发布，其功能特点是无须操作离合器和换挡，操作简单，最高车速竟达177km！

☆ 剩下的部分请点击这里查询 ☆
http://www /bike-motor_boooon.com

■□ 公司内部活动指南 □■
为了感谢大家的支持，我们将面向Hayato团队的全体成员举办一场联欢会。我们希望这场联欢会可以加深那些平时工作中没有交集的部门之间的认识和交流。请大家通过公司门户网站踊跃报名。(http://www/bike-motor_boooon 2021 _Potalsite.top.com)

↓↓↓↓↓ 公司内部新闻每周三更新 ↓↓↓↓↓
http://www /bike-motor_boooon2021_newstopics.com

Hayato将参展2021年摩托车展。
这里拥有最新的2021年新款车型、近期将亮相的概念车型以及提前售卖的量产原型车等多种车型，不容错过！今年的摩托车展也在征集主要形象海报设计！获奖者将获得价值20万日元的礼券！投稿截止日期为2月15日(稿件需在此日之前送达)。▼2021年摩托车展官方网站▼(http://www/motorcycleshow_ 2021 _bk.com)

☆。.:*.·····························☆。.:*.···
·····.*:゜。☆我们公司的摩托车消声器被日本公路自行车锦标赛采用!.*:☆·····
☆。.:*.·····························☆。.:*.···
第55届全日本公路自行车锦标赛的所有车队都在使用我们公司的摩托车消声器。

编辑要点!

以业务改进为目的的格式化制作

敏锐的编辑力

① 对于电子邮件杂志来说，最重要的是易于理解。过多的内容会被认为只是在自我满足。在版面设计时，使用的装饰和文字都要简单明了。要站在读者的立场上考虑，使内容更易于阅读。

② 有价值的电子邮件杂志不仅要呈现能够为忙碌的员工提供帮助的内容，而且目录也要便于阅读。

③ 人们并不会阅读杂志的所有内容，只会关注他们感兴趣的部分，因而我们要合理运用留白和换行，使内容更容易被理解。

After 修改后

新鲜的信息源

//

公司内部电子邮件杂志第12期
为您带来摩托车行业的最新动向!

//

① 使用简洁易懂的朴素装饰

目录

1. 业内首款电动摩托车"reideon"发布!
2. 摩托车业内最新的各种信息。
3. Hayato将参展2021年摩托车展!
4. 我们的摩托车消声器被日本公路自行车锦标赛的所有车队采用!

② 以简明易懂的目录列举了重要的信息

| 1 | 业内首款双轮电动车!

· 业内首款双轮电动车"reideon"将于2021年发布。
· 操作简单，不需要操作离合器和换挡!
· 最高时速可达177km!

▼了解更多详细信息和其他相关新闻请关注这里
http://www /bike-motor_boooon.news.com

| 2 | 摩托车行业的新动向

· 你大概多长时间更换一次头盔?
我们进行了"2021年摩托车用品相关问题的问卷调查"。

▼点击这里查看调查结果!
http://www /bike-enquete2021_qanda.com

· 雅哈马荣获国际设计奖"Nice Design"

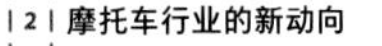

▼点击这里查看调查结果!
http://www /nice_design2021_report07.com

敏锐的编辑力!

③ 段落句子间的区分明显，便于信息读取

| 3 | [活动]参加电动摩托车展!

这里拥有最新的2021年新款车型、近期将亮相的概念车型以及提前售卖的量产原型车等多种车型，不容错过!

▼2021年摩托车展官方网站
http://www /motorcycleshow_2021_bk.com

| 4 | 我们的摩托车消声器被日本公路自行车锦标赛采用!

· 第55届全日本公路自行车锦标赛的所有车队都使用了Hayato的摩托车消声器产品"Bonn"!

更多的编辑力!

思考划分内容很难，我们应该在争取不断回顾公司目标的同时进行公司定期产品更新理念的传达作用。

持续发送公司内部电子邮件杂志是很困难的，所以为了加深公司各个部门之间的理解与交流，应该在合理的时间间隔内，目的明确地发送热门产品的信息、对公司有帮助的社会新闻等，要定期传达企业理念，渗透公司文化，宣扬合规意识。

留白的作用

使用的装饰和元素太多，将会扰乱读者的视线，使读者不知该从哪里看起。且文本篇幅过长，无法准确传达信息。你在阅读这份文书时，是否也有这样的体会？尽管你认为“我很努力在做了！”“我已经尽力在写了！”但如果人们无法从中读取到有效信息，那就没有任何意义。

通过了解留白的作用学习编辑力！

为了更好地传递信息，吸引人们的关注，所以努力认真地编辑文书。但人们看到文书总会建议“将文书简化一些比较好”。

特别是篇幅过长时，人们可能会认为：“也许你自己都没有完全理解你所写的东西。”

啊！我明明是想让大家感受到我的热情……
如果文书编辑得过于简陋，难道不会让人觉得制作的人在偷工减料吗？

“疏”和“简”的含义完全不同……
如果你能够理解和发挥留白的作用，人们就会认为你是一个擅长编辑文书的人。

人们很容易产生这样的误解：文书中所包含的元素越多，能够对外传达的信息就越多，但实际上如此一来反而会使读者感到疲惫，使文书看起来不够精练。学习留白的基本知识，如何创建留白，如何使用留白，也是编辑方法的一部分。

编辑要点！

- 不要花费过多的时间 …………………………… 使用最基础的装饰
- 减少读者的阅读负担 ……………………………… 引导读者的阅读
- 使文本便于理解 …………………………………… 划分信息区间
- 阐释观点 …………………………………………… 简洁的文本等

① 留白的基本知识/文本周围的留白

在页面和页面的四个角、对话框的周围应适当留白，这样不仅使文书简单易读，还可以吸引读者的注意力。应根据所编辑的文书类型和查看格式的不同选择最适合页面的留白。

纸张中文本周围的留白

Before 修改前

mornin
新产品推广

新产品的广告语是“乳酸菌，在每一个清晨和您的肠道说早安”。以此来突出新产品的健康和亲民的特点。此外，这上面还列举了产品中新成分的特点，充分强调了新产品“不仅更加健康，还深受孩子们的喜爱”的特点。

Old New!

所有元素填满了整个页面，文本内容和页面边缘之间没有任何留白，整个页面给人一种压迫感。这使人们无法确定文本信息的先后顺序，不知道从哪里开始看起。

After 修改后

mornin
新产品推广

新产品的广告语是“乳酸菌，在每一个清晨和您的肠道说早安”。以此来突出新产品的健康和亲民的特点。此外，这上面还列举了产品中新成分的特点，充分强调了新产品“不仅更加健康，还深受孩子们的喜爱”的特点。

文本内容和页面边缘之间留有合适的留白，会使整个页面给人一种轻松干练的感觉，信息重点明确，便于理解。

对话框中文本周围的留白

Before 修改前

生产管理部
左冈健
KEN SASAOKA

我叫佐藤冈健，在生产管理部供职。我将拼尽全力为公司服务，请您多多指教。

对话框和页面边缘之间没有任何留白，使文本显得潦草粗糙。页面中的文字也过于拥挤集中，不利于人们的阅读与理解。

After 修改后

左冈健 / KEN SASAOKA

我叫佐藤冈健，在生产管理部供职。我将拼尽全力为公司服务，请您多多指教。

适当的留白使信息清晰明确，便于阅读。即便使用尺寸较大的图片，也能很快地获取信息。

② 如何创建留白

“简化文本”“将文本图表化”“去掉不必要的装饰”，为了在精练文本内容的基础上恰当地突出必要的内容，人们才创建了留白这一修饰方式，而使用留白不仅会使文本美观，还便于人们理解。

● 简化文本

去掉“多余的信息”“不必要的连词”“重复的语句”和“迂回的表达”，能够简化文本语言，使文本便于理解。适当地使用留白，会使文本更加整洁易读。

Before 修改前

> 身为客服行业的从业人员，我们每天都需要与广大客户进行面对面的交流，投诉是我们必须要面对的问题。为了解决有关投诉的各种问题，消除对于投诉问题的困扰，我们必须学会有效地减少投诉问题的产生和正确处理投诉问题的方法。通过学习正确处理投诉问题的方法，一定程度上也可以提高我们对于工作的积极性。

After 修改后

> 身为客服行业的从业人员，我们每天都需要与广大客户进行面对面的交流，投诉是我们必须要面对的问题。让我们来学习减少投诉问题出现和正确处理投诉问题的方法，从而提高我们工作的积极性。

● 将文本图表化

将长句子转化成图形，用表格或图形的方式表现出来，可以使你的文本信息更加直观，便于人们理解。

Before 修改前

> **●当前形势分析●**
> **在2016年，该产品作为一款专门面向年轻女性的产品上市后，两年内年销量每年增长了1.2倍左右，但之后的三年，销量一直呈低迷状态，且该状态持续至今。**

After 修改后

当前形势分析

在2018年的销售峰值之后，销售额已**趋于平稳**

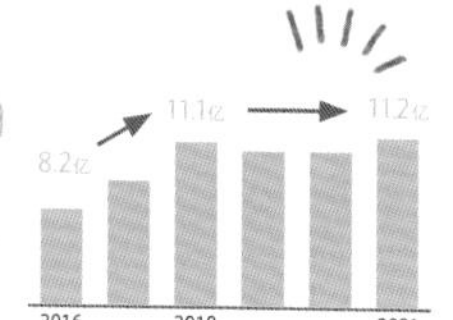

● 去掉不必要的装饰

只装饰需要突出的必要的部分

Before 修改前

软件开发	IT服务
在创建系统和开发应用领域提供优质服务。	我们一年365天，每天24小时安全运行和管理您的系统。

After 修改后

软件开发	IT服务
在创建系统和开发应用领域提供优质服务。	我们一年365天，每天24小时安全运行和管理您的系统。

③ 如何使用留白 / 将信息分组和指明阅读顺序

有效地利用留白可以发挥“将信息分组”和“指明阅读顺序”的作用。使用留白不仅可以在不使用分割线和边框的情况下划分区别信息，制作出包含所有信息和要素的，易于人们阅读理解的文本，还可以省去不必要的装饰，大大缩短制作文书的时间。

将信息分组

Before 修改前

每一组信息要素都被边框隔开，虽然这样能够将信息有效地区分开来，但是同时也产生了很多不必要的装饰，使整个页面显得格外拥挤。

After 修改后

虽然没有使用边框将信息要素隔开，但是通过在不同的信息要素之间留白而将信息进行分组，这样一来更利于人们区分信息要素之间的不同，页面简洁清晰，便于人们阅读。

指明阅读顺序

Before 修改前

虽然文本中日程安排的阅读顺序应该是从左上角到右下角，但是文本中所有信息要素周围的留白都是均等的，文本中也没有添加箭头来引导读者阅读，导致读者很难分辨该日程安排的阅读顺序。

After 修改后

文本中信息要素的左右之间留白较小，而上下之间留白较大，因而我们可以很直观地获取该日程安排的阅读顺序：从左上角到右下角。

第3章

公司内部演示资料

01 产品升级策划书
02 活动策划书
03 业务改进建议书
04 销售额变化趋势报告
05 绩效统计表
06 日程摘要

公司内部演示资料的作用

与面向公司外部所开展的演讲不同，公司内部的演讲所面向的对象是我们身边的同事。换句话说，公司内部的演讲所面向的是已经具有一定的基础共识的了解当前形势的同事们。公司内部演讲最重要的一点是能够快速地完成“领导听取员工提出的方案意见并立刻批准同意实行”的流程。因此，要减少不必要的装饰和渲染，简单明了地传达信息即可。话虽如此，但如果盲目地着手进行创作，将会花费很长的时间。如果决策者特别关注“是否能为公司带来利益”“是否有实现的可能性”“是否符合公司的理念”这几个关键点，并从这几个角度出发制作公司内部的演讲文书，那么制作该文书花费的时间和该演讲方案获得批准所花费的时间将出奇的短。

第3章
01

公司内部演示资料

产品升级策划书

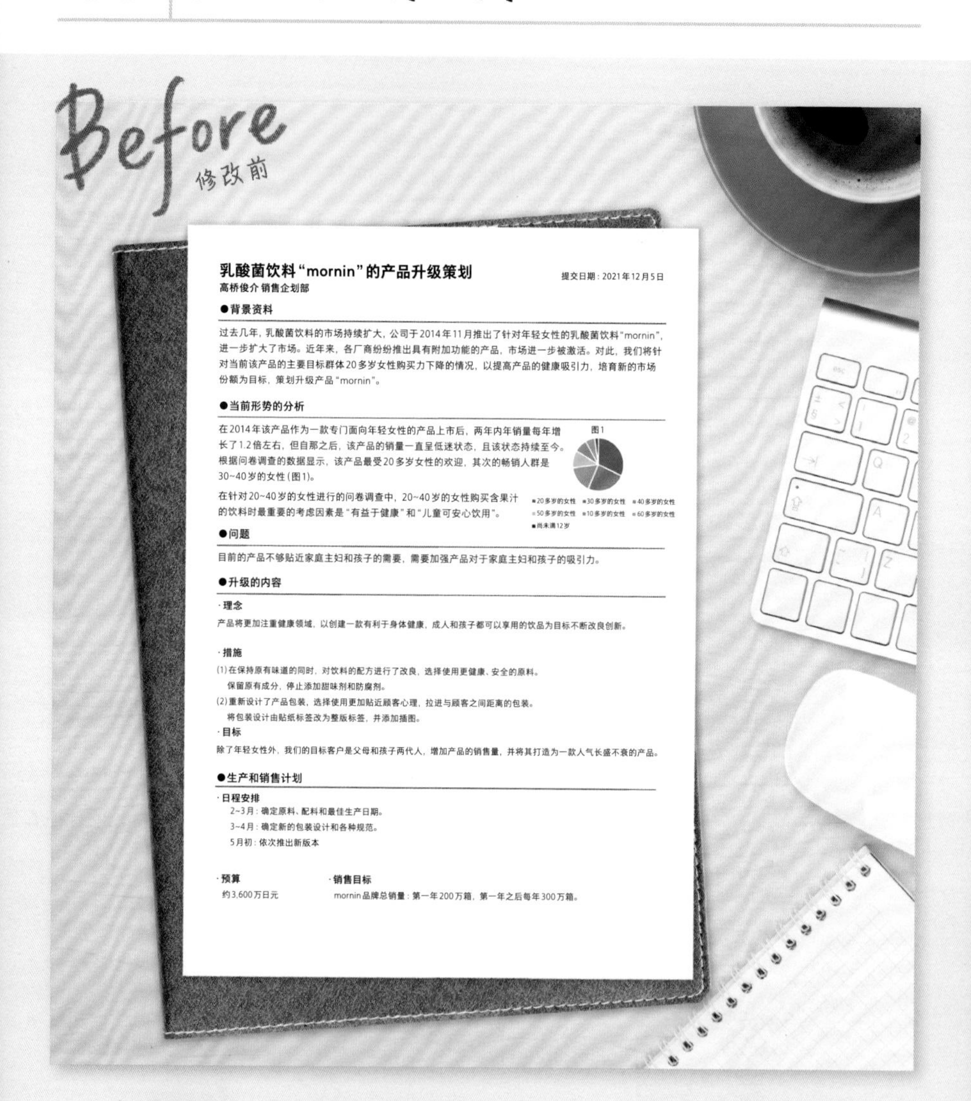

乳酸菌饮料“mornin”的产品升级策划

提交日期：2021年12月5日

高桥俊介 销售企划部

●背景资料

过去几年，乳酸菌饮料的市场持续扩大，公司于2014年11月推出了针对年轻女性的乳酸菌饮料“mornin”，进一步扩大了市场。近年来，各厂商纷纷推出具有附加功能的产品，市场进一步被激活。对此，我们将针对当前该产品的主要目标群体20多岁女性购买力下降的情况，以提高产品的健康吸引力，培育新的市场份额为目标，策划升级产品“mornin”。

●当前形势的分析

在2014年该产品作为一款专门面向年轻女性的产品上市后，两年内年销量每年增长了1.2倍左右，但自那之后，该产品的销量一直呈低迷状态，且该状态持续至今。根据问卷调查的数据显示，该产品最受20多岁女性的欢迎，其次的畅销人群是30~40岁的女性（图1）。

在针对20~40岁的女性进行的问卷调查中，20~40岁的女性购买含果汁的饮料时最重要的考虑因素是“有益于健康”和“儿童可安心饮用”。

图1

■20多岁的女性 ■30多岁的女性 ■40多岁的女性
■50多岁的女性 ■10多岁的女性 ■60多岁的女性
■尚未满12岁

●问题

目前的产品不够贴近家庭主妇和孩子的需要，需要加强产品对于家庭主妇和孩子的吸引力。

●升级的内容

·理念

产品将更加注重健康领域，以创建一款有利于身体健康，成人和孩子都可以享用的饮品为目标不断改良创新。

·措施

(1) 在保持原有味道的同时，对饮料的配方进行了改良，选择使用更健康、安全的原料。
保留原有成分，停止添加甜味剂和防腐剂。

(2) 重新设计了产品包装，选择使用更加贴近顾客心理，拉进与顾客之间距离的包装。
将包装设计由贴纸标签改为整版标签，并添加插图。

·目标

除了年轻女性外，我们的目标客户是父母和孩子两代人，增加产品的销售量，并将其打造为一款人气长盛不衰的产品。

●生产和销售计划

·日程安排

2~3月：确定原料、配料和最佳生产日期。
3~4月：确定新的包装设计和各种规范。
5月初：依次推出新版本

·预算

约3,600万日元

·销售目标

mornin品牌总销量：第一年200万箱，第一年之后每年300万箱。

我在每个标题上都画了线，使文本更加容易阅读！
我真的完成得越来越好了。

要点！

对于已提出的所有产品和服务的改良策划，为了突出策划的必要性，必须要根据市场调查和销售业绩中分析得出的数据来进行编辑。

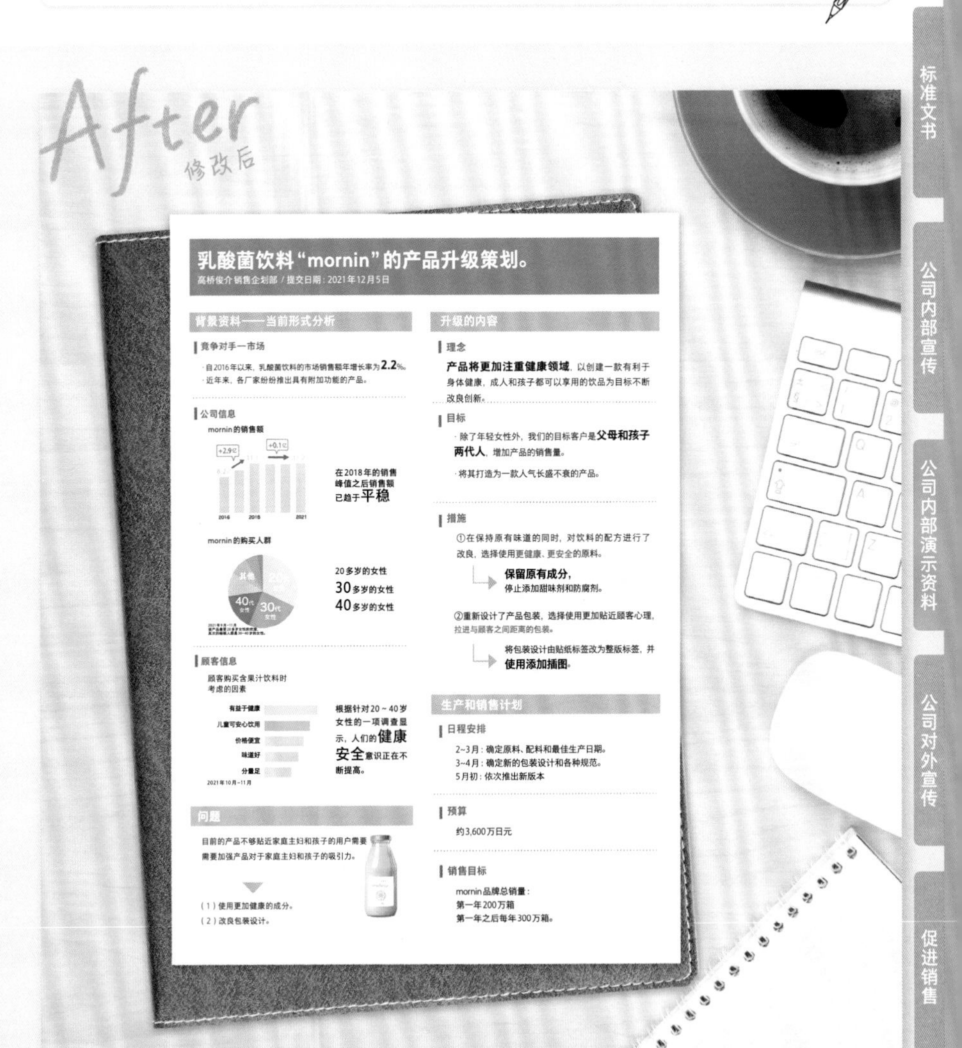

乳酸菌饮料“mornin”的产品升级策划。

高桥俊介 销售企划部 / 提交日期：2021年12月5日

背景资料——当前形式分析

竞争对手—市场

· 自2016年以来，乳酸菌饮料的市场销售额年增长率为**2.2%**。
· 近年来，各厂家纷纷推出具有附加功能的产品。

公司信息

mornin的销售额

在2018年的销售峰值之后销售额已趋于**平稳**

mornin的购买人群

20多岁的女性
30多岁的女性
40多岁的女性

顾客信息

顾客购买含果汁饮料时考虑的因素

根据针对20～40岁女性的一项调查显示，人们的**健康安全**意识正在不断提高。

问题

目前的产品不够贴近家庭主妇和孩子的用户需要
需要加强产品对于家庭主妇和孩子的吸引力。

（1）使用更加健康的成分。
（2）改良包装设计。

升级的内容

理念

产品将更加注重健康领域，以创建一款有利于身体健康，成人和孩子都可以享用的饮品为目标不断改良创新。

目标

· 除了年轻女性外，我们的目标客户是**父母和孩子两代人**，增加产品的销售量。
· 将其打造为一款人气长盛不衰的产品。

措施

①在保持原有味道的同时，对饮料的配方进行了改良，选择使用更健康、更安全的原料。

→ **保留原有成分，**
停止添加甜味剂和防腐剂。

②重新设计了产品包装，选择使用更加贴近顾客心理，拉进与顾客之间距离的包装。

→ 将包装设计由贴纸标签改为整版标签，并**使用添加插图**。

生产和销售计划

日程安排

2~3月：确定原料、配料和最佳生产日期。
3~4月：确定新的包装设计和各种规范。
5月初：依次推出新版本

预算

约3,600万日元

销售目标

mornin品牌总销量：
第一年200万箱
第一年之后每年300万箱。

确实如此，在策划文书中插入一些图表和具体的数字，会使文书更具有说服力。

Before 修改前

如果不仔细阅读，无法明白文书的内容

乳酸菌饮料"mornin"的产品升级策划

提交日期：2021年12月5日

高桥俊介 销售企划部

●背景资料

过去几年，乳酸菌饮料的市场持续扩大，公司于2014年11月推出了针对年轻女性的乳酸菌饮料"mornin"，进一步扩大了市场。近年来，各厂商纷纷推出具有附加功能的产品，市场进一步被激活。对此，我们将针对当前该产品的主要目标群体20多岁女性购买力下降的情况，以提高产品的健康吸引力，培育新的市场份额为目标，策划升级产品"mornin"。

①文字冗长，没有总结性语句

●当前形势的分析

在2014年该产品作为一款专门面向年轻女性的产品上市后，两年内年销量每年增长了1.2倍左右，但自那之后，该产品的销量一直呈低迷状态，且该状态持续至今。根据问卷调查的数据显示，该产品最受20多岁女性的欢迎，其次的畅销人群是30~40岁的女性（图1）。

在针对20~40岁的女性进行的问卷调查中，20~40岁的女性购买含果汁的饮料时最重要的考虑因素是"有益于健康"和"儿童可安心饮用"。

图1

■20多岁的女性 ■30多岁的女性 ■40多岁的女性 ■50多岁的女性 ■10多岁的女性 ■60多岁的女性 ■尚未满12岁

②数字和数据难以获取

③饼状图难以读取

●问题

目前的产品不够贴近家庭主妇和孩子的需要，需要加强产品对于家庭主妇和孩子的吸引力。

●升级的内容

·理念

产品将更加注重健康领域，以创建一款有利于身体健康，成人和孩子都可以享用的饮品为目标不断改良创新。

·措施

(1)在保持原有味道的同时，对饮料的配方进行了改良，选择使用更健康、安全的原料。
保留原有成分，停止添加甜味剂和防腐剂。

(2)重新设计了产品包装，选择使用更加贴近顾客心理，拉近与顾客之间距离的包装。
将包装设计由贴纸标签改为整版标签，并添加插图。

·目标

除了年轻女性外，我们的目标客户是父母和孩子两代人，增加产品的销售量，并将其打造为一款人气长盛不衰的产品。

●生产和销售计划

·日程安排

2~3月：确定原料、配料和最佳生产日期。
3~4月：确定新的包装设计和各种规范。
5月初：依次推出新版本

·预算

约3,600万日元

·销售目标

mornin品牌总销量：第一年200万箱，第一年之后每年300万箱。

编辑要点！

公司内部宣传的重要准则"用数据证明"

出色的编辑力

①当文书的文字过多时，就会使人难以读取主旨信息。使用数字和表格来总结主旨信息会使人们简洁快速地读取到文书的主要内容。

②用图表和数字呈现调查结果和现状分析不仅可以很好地展现事实状态，还有利于决策者更迅速地做出判断。要特别突出文书中较为重要的数据。

③五颜六色的饼状图会使文书显得很烦琐。在制作饼状图时，要明确需要传达的重要信息，并用不同的着色来突出它们。对于没那么重要的信息，只需将这类信息放入图中即可，不需特地着色突出。

After 修改后

使用表格和数字更便于人们理解文本的主旨信息

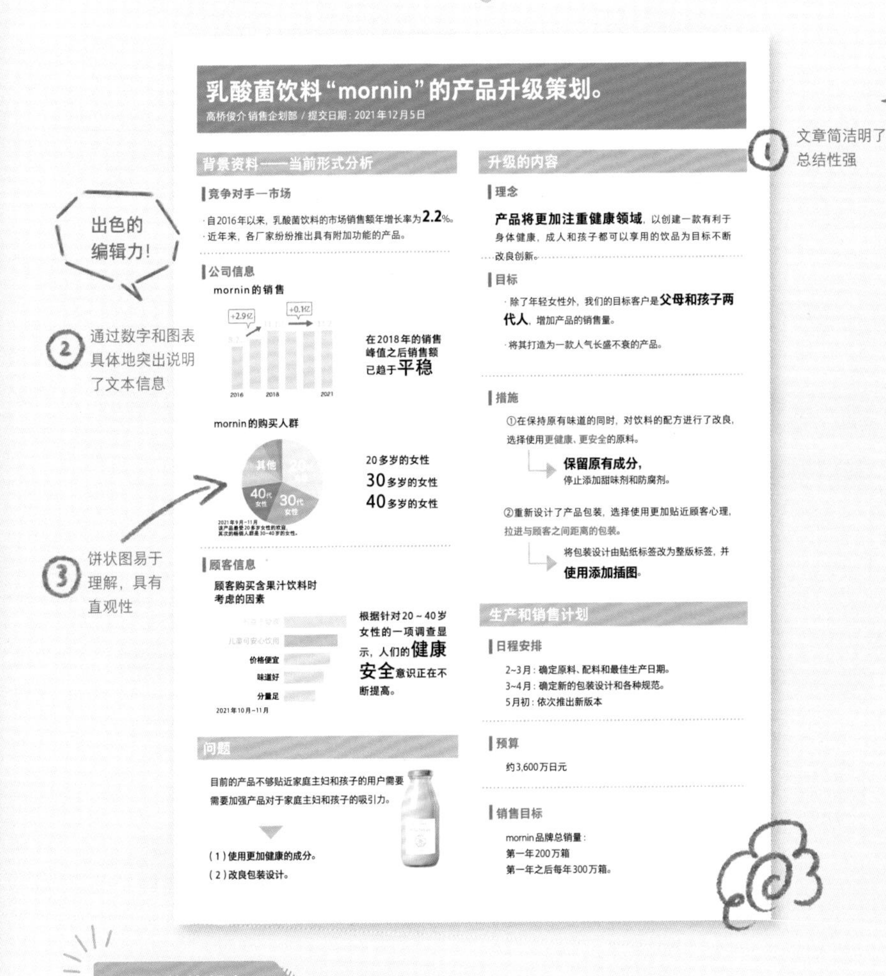

乳酸菌饮料“mornin”的产品升级策划。

高桥俊介 销售企划部 / 提交日期：2021年12月5日

背景资料——当前形式分析

竞争对手—市场

· 自2016年以来，乳酸菌饮料的市场销售额年增长率为**2.2%**。
· 近年来，各厂家纷纷推出具有附加功能的产品。

公司信息

mornin的销售

在2018年的销售峰值之后销售额已趋于**平稳**

mornin的购买人群

20多岁的女性
30多岁的女性
40多岁的女性

顾客信息

顾客购买含果汁饮料时考虑的因素

根据针对20～40岁女性的一项调查显示，人们的**健康安全**意识正在不断提高。

问题

目前的产品不够贴近家庭主妇和孩子的用户需要需要加强产品对于家庭主妇和孩子的吸引力。

（1）使用更加健康的成分。
（2）改良包装设计。

升级的内容

理念

产品将更加注重健康领域，以创建一款有利于身体健康，成人和孩子都可以享用的饮品为目标不断改良创新。

目标

· 除了年轻女性外，我们的目标客户是**父母和孩子两代人**，增加产品的销售量。

· 将其打造为一款人气长盛不衰的产品。

措施

①在保持原有味道的同时，对饮料的配方进行了改良，选择使用更健康、更安全的原料。

→ **保留原有成分，**停止添加甜味剂和防腐剂。

②重新设计了产品包装，选择使用更加贴近顾客心理，拉进与顾客之间距离的包装。

→ 将包装设计由贴纸标签改为整版标签，并**使用添加插图**。

生产和销售计划

日程安排

2~3月：确定原料、配料和最佳生产日期。
3~4月：确定新的包装设计和各种规范。
5月初：依次推出新版本

预算

约3,600万日元

销售目标

mornin品牌总销量：
第一年200万箱
第一年之后每年300万箱。

更多的编辑力！

我们要确认能够按照“分析现状→制定解决方案→实行具体计划”的流程进行编辑。

策划书应该系统地分析阐明以下内容：（1）介绍当前存在的问题和困难；（2）解决这些问题的思路；（3）解决这些问题的优势；（4）具体的实施计划。制作策划书的最终目的是解决问题。如果理清了这个思路并按照这个思路去制作策划书，那么读者一定很容易读取策划书的重要信息，并了解公司的主要目标。

第3章 02

公司内部演示资料

活动策划书

秋季新品面包品鉴会活动方案

计划执行时间
2021年10月9日(星期六)~2021年10月10日(星期日)

目标客户

从未光临过本店的新顾客。
对新产品、热销品感兴趣的20岁至30岁的女性和家庭群体。
GOOD Lives COFFEE的粉丝。

理念

在本店品尝秋季的新品面包和咖啡，度过一个愉快的周末。

关键词：面包、咖啡和休闲时间

活动概况

宣传介绍五种新推出的秋季新品面包
提供GOOD Lives COFFEE的咖啡。推出特定套餐。

■活动名称：满月烘焙店秋季新品品鉴会活动
■活动时间：2021年10月9日(星期六)和10日(星期日)
■活动地点：满月烘焙店
■预计参加人数：每家店300人。
■准备工作：每日提供可饮用的咖啡100杯。
每日提供可享用的GOOD Lives COFFEE滴漏咖啡和点心套餐60套。
活动宣传单3,000份。
介绍秋季新产品面包和满月烘焙店的宣传单5,000份。
■预算金额：120万日元

目标

本店将面向因活动和红叶季节慕名前来的新增游客推广宣传本店。
通过举办有趣的活动吸引顾客，鼓励他们购买我们的面包。

使用带颜色的箭头不仅会使人立刻明白文书的阅读顺序，还可以使人感受到文书所传递的有趣氛围。

要点!

单页策划书的优点在于它能完整地展现整个策划方案。虽然单页策划书承载的信息量有限，但是文书直截了当地总结了全部的内容，方便我们在短时间内读取重要信息。

秋季新面包品鉴会活动方案

背景资料

- 每年一到红叶季节，就会有很多外地的游客来店里参观。
- 我们要加强吸引新客户消费的力度。
- 近年来，开展的与食物相关的活动吸引了很多人。
- 由于去年的新品面包品鉴会广受好评，我们希望今年能够再次举办。

理念

面包、咖啡和休闲时间

与GOOD Lives COFFEE合作，我们将在以下方面进行合作

在GOOD Lives COFFEE，您将享受到秋季新品面包和咖啡，度过一段特别的周末时光。

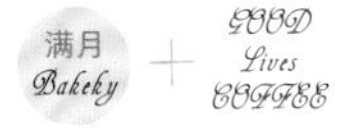

目标客户

①从未光临过本店的新顾客。
②对新产品、热销品感兴趣的20岁至30岁的女性和家庭群体。
③GOOD Lives COFFEE的粉丝。

目标

- 本店将面向因活动和红叶季节慕名前来的新增游客推广宣传本店。
- 向顾客介绍本店的相关信息，让顾客感受到本店的魅力所在。
- 鼓励老顾客进行再次购买。

▼

拓展客户源+活动期间销售额增加20%。

内容

❶ 免费品尝新品面包和咖啡	所有顾客都可免费获赠5种新品面包和GOOD Lives COFFEE的咖啡。
❷ 销售限量套装	活动特定的GOOD Lives COFFEE的咖啡和烤制点心。
❸ 发放优惠券	购买1,000日元以上的顾客，可获赠日后可在本店使用的价值200日元的优惠券。
❹ 社交网络上的促销活动	在社交媒体上发布内容并添加话题标签"满月烘焙店"即可参与抽奖。
❺ 分发店铺广告	制作全新的店铺广告单，并分发给所有到店顾客。

活动摘要

■活动名称……满月烘焙店秋季新品品鉴会
■活动时间……10月9日（星期六）至10日（星期日）
■活动地点……满月烘焙店
■预计参加人数……每家店300人
■准备工作：
·每日提供可饮用的咖啡……100杯。
·每日提供可享用的GOOD Lives COFFEE滴漏咖啡和烤制点心套餐……60套。
·活动宣传单……3,000份。
·介绍秋季新产品面包和满月烘焙店的宣传单…5,000份。
■预算金额……120万日元

最重要的是要从读者的角度出发，思考读者的阅读顺序并以此为基础进行策划书的编辑。

Before 修改前

使用过多的图表和箭头会使文书看起来过于杂乱

① 使用的箭头和图形过多，无法明确阅读顺序

② 说明顺序过于杂乱，缺少说服力

秋季新品面包品鉴会活动方案

计划执行时间
2021年10月9日（星期六）~2021年10月10日（星期日）

目标客户

从未光临过本店的新顾客。
对新产品、热销品感兴趣的20岁至30岁的女性和家庭群体。
GOOD Lives COFFEE的粉丝。

理念

在本店品尝秋季的新品面包和咖啡，度过一个愉快的周末。

关键词：面包、咖啡和休闲时间

活动概况

宣传介绍五种新推出的秋季新品面包
提供GOOD Lives COFFEE的咖啡。推出特定套餐。

■活动名称：满月烘焙店秋季新品品鉴会活动
■活动时间：2021年10月9日（星期六）和10日（星期日）
■活动地点：满月烘焙店
■预计参加人数：每家店300人。
■准备工作：每日提供可饮用的咖啡100杯。
每日提供可享用的GOOD Lives COFFEE滴漏咖啡和点心套餐60套。
活动宣传单3,000份。
介绍秋季新产品面包和满月烘焙店的宣传单5,000份。
■预算金额：120万日元

目标

本店将面向因活动和红叶季节慕名前来的新增游客推广宣传本店。
通过举办有趣的活动吸引顾客，鼓励他们购买我们的面包。

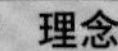

③ 文字信息的左对齐和居中对齐混合

编辑要点！

整理信息并重建简单的文书结构

① 过多地使用箭头、图形和边框等装饰会使文书看起来杂乱无章，从而扰乱人们阅读。应尽量选择使用Z型的版本设计以引导人们阅读，还应减少图形的使用，将使用的图形数量控制在最小范围内。

强大的编辑力

② 为了增强文书的说服力，要按照“分析现状→制定解决方案”的思维流程进行编辑。提前解释背景和目的会使文书更具说服力。

③ 文书信息统一采用左对齐的形式，并尽可能地采用简洁的逐条列举的形式总结文书中心内容。用颜色标注需要强调的部分以示重要性，会使文书看起来条理清晰，张弛有度。

After 修改后

去掉多余的元素，按照顺序阅读

① 使用Z型版面设计
使阅读更流畅

② 按照说明顺序列举
项目内容

秋季新面包品鉴会活动方案

背景资料
- 每年一到红叶季节，就会有很多外地的游客来店里参观。
- 我们要加强吸引新客户消费的力度。
- 近年来，开展的与食物相关的活动吸引了很多人。
- 由于去年的新品面包品鉴会广受好评，我们希望今年能够再次举办。

理念
面包、咖啡和休闲时间

与GOOD Lives COFFEE合作，我们将在以下方面进行合作
在GOOD Lives COFFEE，您将享受到秋季新品面包和咖啡，度过一段特别的周末时光。

目标客户
①从未光临过本店的新顾客。
②对新产品、热销品感兴趣的20岁至30岁的女性和家庭群体。
③GOOD Lives COFFEE的粉丝。

目标
- 本店将面向因活动和红叶季节慕名前来的新增游客推广宣传本店。
- 向顾客介绍本店的相关信息，让顾客感受到本店的魅力所在。
- 鼓励老顾客进行再次购买。

▼

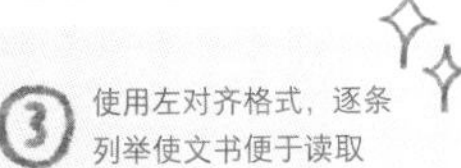
拓展客户源+活动期间销售额增加20%。

内容

❶ 免费品尝新品面包和咖啡	所有顾客都可免费获赠5种新品面包和GOOD Lives COFFEE的咖啡。
❷ 销售限量套装	活动特定的GOOD Lives COFFEE的咖啡和烤制点心。
❸ 发放优惠券	购买1,000日元以上的顾客，可获赠日后可在本店使用的价值200日元的优惠券。
❹ 社交网络上的促销活动	在社交媒体上发布内容并添加话题标签"满月烘焙店"即可参与抽奖。
❺ 分发店铺广告	制作全新的店铺广告单，并分发给所有到店顾客。

活动摘要
■活动名称……满月烘焙店秋季新品品鉴会
■活动时间……10月9日（星期六）至10日（星期日）
■活动地点……满月烘焙店
■预计参加人数……每家店300人
■准备工作：
·每日提供可饮用的咖啡……100杯。
·每日提供可享用的GOOD Lives COFFEE滴漏咖啡和烤制点心套餐……60套。
·活动宣传单……3,000份。
·介绍秋季新产品面包和满月烘焙店的宣传单…5,000份。
■预算金额……120万日元

③ 使用左对齐格式，逐条
列举使文书便于读取

更多的编辑力!

在制作策划文书时，相较于独特的吸引人的设计，简洁明了地说明文书内容更重要。

在策划一项新活动或开展一个新项目时，所有人都会很兴奋。然而，如果过于热情，而在文书中加入过多内容，可能会导致读者难以获取有用的信息。这种情况下只有编辑者认为文书很精美，而读者的积极性反而没有调动起来，会产生一种巨大的落差。使用简洁干练的形式准确地传达文书的主要信息，是制作精良的策划书最有效的方法。

第3章
03

公司内部演示资料

业务改进建议书

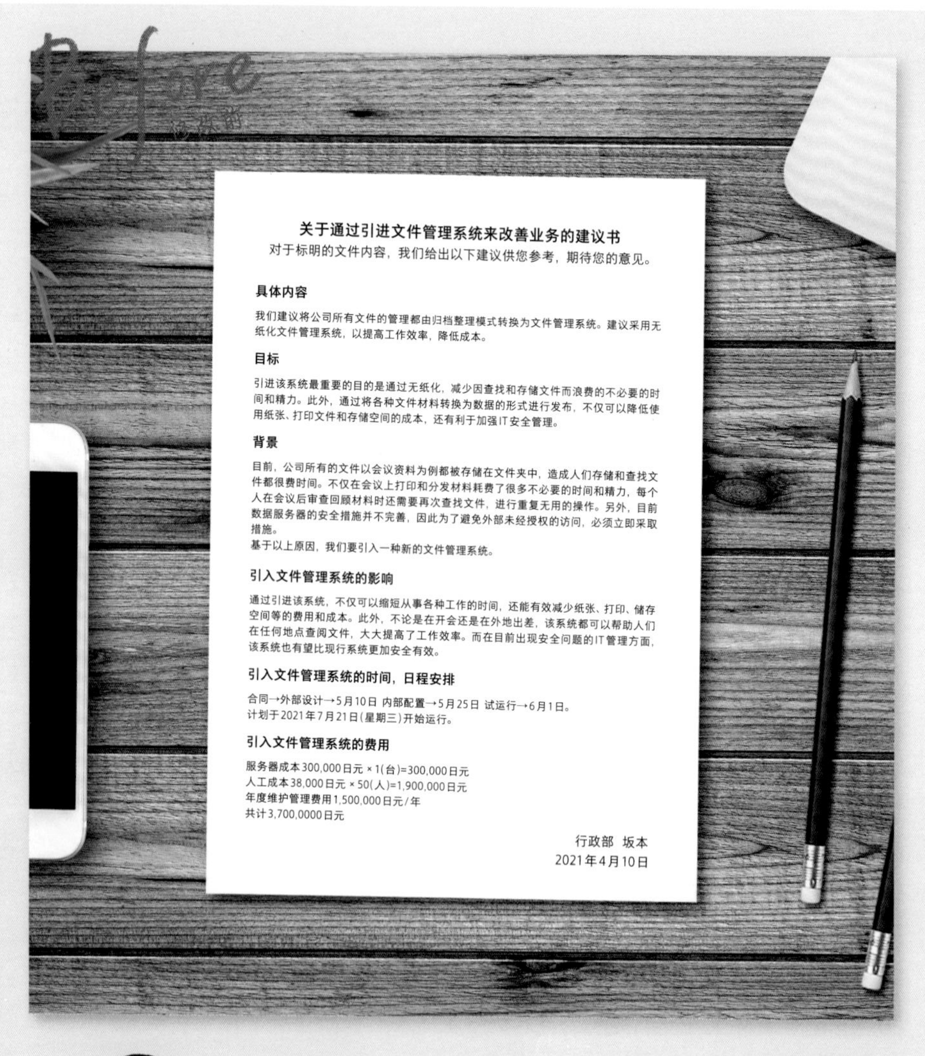

关于通过引进文件管理系统来改善业务的建议书

对于标明的文件内容，我们给出以下建议供您参考，期待您的意见。

具体内容

我们建议将公司所有文件的管理都由归档整理模式转换为文件管理系统。建议采用无纸化文件管理系统，以提高工作效率，降低成本。

目标

引进该系统最重要的目的是通过无纸化，减少因查找和存储文件而浪费的不必要的时间和精力。此外，通过将各种文件材料转换为数据的形式进行发布，不仅可以降低使用纸张、打印文件和存储空间的成本，还有利于加强IT安全管理。

背景

目前，公司所有的文件以会议资料为例都被存储在文件夹中，造成人们存储和查找文件都很费时间。不仅在会议上打印和分发材料耗费了很多不必要的时间和精力，每个人在会议后审查回顾材料时还需要再次查找文件，进行重复无用的操作。另外，目前数据服务器的安全措施并不完善，因此为了避免外部未经授权的访问，必须立即采取措施。

基于以上原因，我们要引入一种新的文件管理系统。

引入文件管理系统的影响

通过引进该系统，不仅可以缩短从事各种工作的时间，还能有效减少纸张、打印、储存空间等的费用和成本。此外，不论是在开会还是在外地出差，该系统都可以帮助人们在任何地点查阅文件，大大提高了工作效率。而在目前出现安全问题的IT管理方面，该系统也有望比现行系统更加安全有效。

引入文件管理系统的时间，日程安排

合同→外部设计→5月10日 内部配置→5月25日 试运行→6月1日。

计划于2021年7月21日(星期三)开始运行。

引入文件管理系统的费用

服务器成本300,000日元 × 1(台)=300,000日元

人工成本38,000日元 × 50(人)=1,900,000日元

年度维护管理费用1,500,000日元/年

共计3,700,0000日元

行政部　坂本

2021年4月10日

我想在我们的例会上提出一个关于业务改进的建议。

要点!

建议书的作用是针对当前的问题提出改进方案和建议。为了让决策者迅速明白建议书的主要内容，关键是简明、准确地归纳出要点。

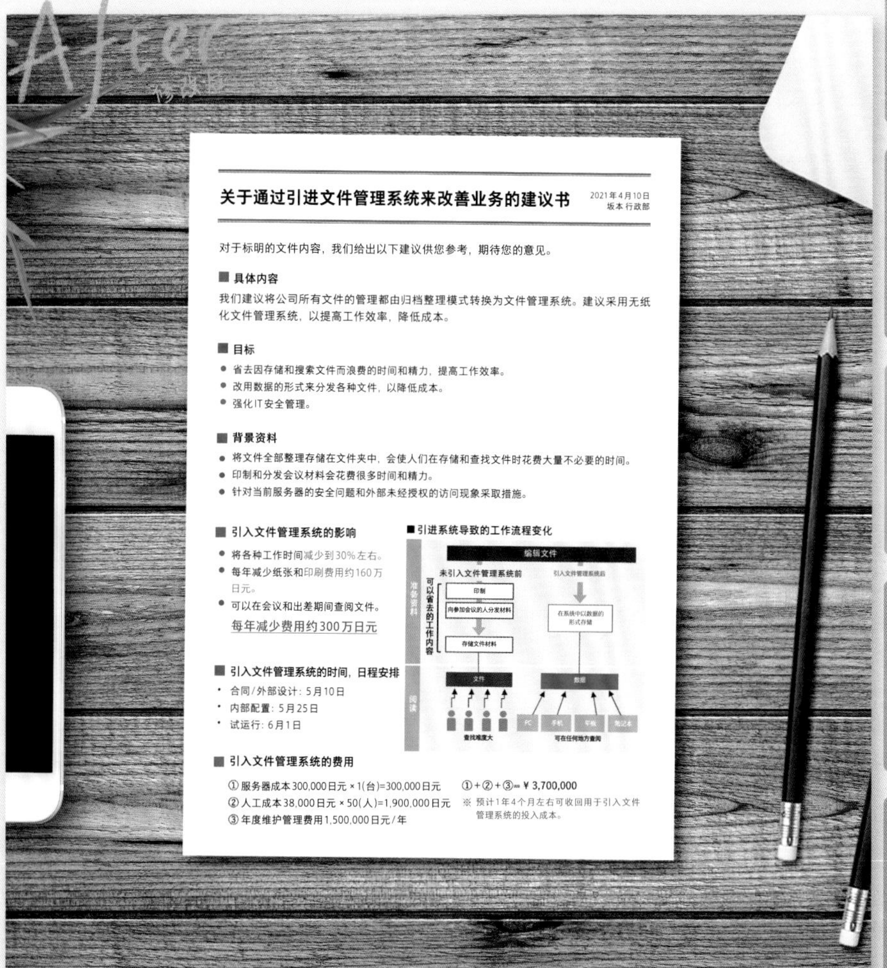

关于通过引进文件管理系统来改善业务的建议书

2021年4月10日
坂本 行政部

对于标明的文件内容，我们给出以下建议供您参考，期待您的意见。

■ **具体内容**

我们建议将公司所有文件的管理都由归档整理模式转换为文件管理系统。建议采用无纸化文件管理系统，以提高工作效率，降低成本。

■ **目标**

- 省去因存储和搜索文件而浪费的时间和精力，提高工作效率。
- 改用数据的形式来分发各种文件，以降低成本。
- 强化IT安全管理。

■ **背景资料**

- 将文件全部整理存储在文件夹中，会使人们在存储和查找文件时花费大量不必要的时间。
- 印制和分发会议材料会花费很多时间和精力。
- 针对当前服务器的安全问题和外部未经授权的访问现象采取措施。

■ **引入文件管理系统的影响**

- 将各种工作时间减少到30%左右。
- 每年减少纸张和印刷费用约160万日元。
- 可以在会议和出差期间查阅文件。

每年减少费用约300万日元

■ **引进系统导致的工作流程变化**

■ **引入文件管理系统的时间，日程安排**

- 合同/外部设计：5月10日
- 内部配置：5月25日
- 试运行：6月1日

■ **引入文件管理系统的费用**

① 服务器成本300,000日元 × 1(台)=300,000日元
② 人工成本38,000日元 × 50(人)=1,900,000日元
③ 年度维护管理费用1,500,000日元/年

①+②+③= ¥ 3,700,000

※ 预计1年4个月左右可收回用于引入文件管理系统的投入成本。

热情和态度很棒！但必须清晰地表达文书的主要内容，发挥建议书的作用。

Before修改前

文字过多，无法获取主要内容

关于通过引进文件管理系统来改善业务的建议书

对于标明的文件内容，我们给出以下建议供您参考，期待您的意见。

具体内容

我们建议将公司所有文件的管理都由归档整理模式转换为文件管理系统。建议采用无纸化文件管理系统，以提高工作效率，降低成本。

②版面设计过于形式化

目标

引进该系统最重要的目的是通过无纸化，减少因查找和存储文件而浪费的不必要的时间和精力。此外，通过将各种文件材料转换为数据的形式进行发布，不仅可以降低使用纸张、打印文件和存储空间的成本，还有利于加强IT安全管理。

①每个小标题下所包含的内容过多

背景

目前，公司所有的文件以会议资料为例都被存储在文件夹中，造成人们存储和查找文件都很费时间。不仅在会议上打印和分发材料耗费了很多不必要的时间和精力，每个人在会议后审查回顾材料时还需要再次查找文件，进行重复无用的操作。另外，目前数据服务器的安全措施并不完善，因此为了避免外部未经授权的访问，必须立即采取措施。

基于以上原因，我们要引入一种新的文件管理系统。

引入文件管理系统的影响

通过引进该系统，不仅可以缩短从事各种工作的时间，还能有效减少纸张、打印、储存空间等的费用和成本。此外，不论是在开会还是在外地出差，该系统都可以帮助人们在任何地点查阅文件，大大提高了工作效率。而在目前出现安全问题的IT管理方面，该系统也有望比现行系统更加安全有效。

③读者无法理解改善计划

引入文件管理系统的时间，日程安排

合同→外部设计→5月10日 内部配置→5月25日 试运行→6月1日。

计划于2021年7月21日(星期三)开始运行。

引入文件管理系统的费用

服务器成本300,000日元 × 1(台)=300,000日元

人工成本38,000日元 × 50(人)=1,900,000日元

年度维护管理费用1,500,000日元/年

共计3,700,0000日元

行政部　坂本

2021年4月10日

编辑要点!

采用视觉上能够快速传达主要信息的方式进行编辑

①过于冗长的句子很难突出文件的主题，也很难清晰地传达制作意图。通过逐条列举的方式在文件开头点明文件要点，则会使作者和读者能共享一致的信息。

②流于形式的版面设计，可能无法突出重要的建议内容。因而要突出文件的标题，并在重要部分着色以示强调，这样文本才张弛有度，条理清晰。

出色的编辑力

③在解释复杂的流程和结构时，建议使用图解。因为图示可以将文字难以表达的部分形象化，使读者读取到的形象变得更加具体。

After 修改后

用逐条列举和图解来表达要点会更清晰

关于通过引进文件管理系统来改善业务的建议书

2021年4月10日
坂本 行政部

对于标明的文件内容，我们给出以下建议供您参考，期待您的意见。

■ 具体内容

我们建议将公司所有文件的管理都由归档整理模式转换为文件管理系统。建议采用无纸化文件管理系统，以提高工作效率，降低成本。

② 不拘泥于形式，条理清晰，有张有弛

■ 目标

- 省去因存储和搜索文件而浪费的时间和精力，提高工作效率。
- 改用数据的形式来分发各种文件，以降低成本。
- 强化IT安全管理。

① 逐条列举，简洁明了

■ 背景资料

- 将文件全部整理存储在文件夹中，会使人们在存储和查找文件时花费大量不必要的时间。
- 印制和分发会议材料会花费很多时间和精力。
- 针对当前服务器的安全问题和外部未经授权的访问现象采取措施。

■ 引入文件管理系统的影响

- 将各种工作时间减少到30%左右。
- 每年减少纸张和印刷费用约160万日元。
- 可以在会议和出差期间查阅文件。

每年减少费用约300万日元

■引进系统导致的工作流程变化

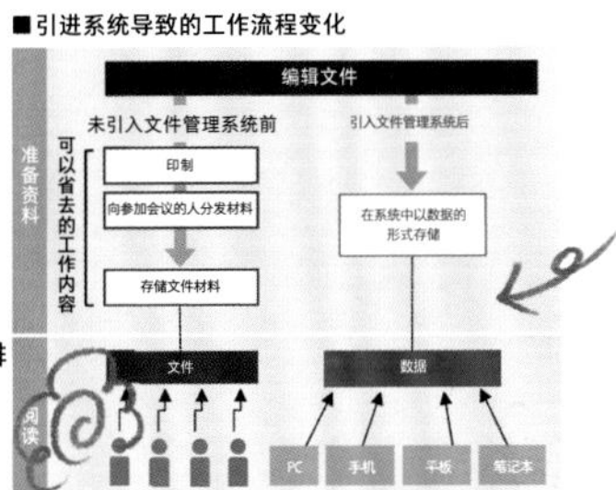

出色的编辑力！

③ 使用图示，便于人们理解结构

■ 引入文件管理系统的时间，日程安排

- 合同/外部设计：5月10日。
- 内部配置：5月25日
- 试运行：6月1日

■ 引入文件管理系统的费用

① 服务器成本300,000日元 × 1(台)=300,000日元
② 人工成本38,000日元 × 50(人)=1,900,000日元
③ 年度维护管理费用1,500,000日元/年

①+②+③= ¥ 3,700,000

※ 预计1年4个月左右可收回用于引入文件管理系统的投入成本。

如果能做到这点就最好了！

更多的编辑力！

要点就是能够具体地说明实施之后的效果和费用。

成本效益是决策者进行判断时最重要的考虑因素。一定要尽可能确认建议书中所列举出的费用和效果，用“减少20％的成本”“每年减少100万日元”等具体数字表示出来。如果能明确到可以收回成本的时间就最好了。

公司内部演示资料

销售额变化趋势报告

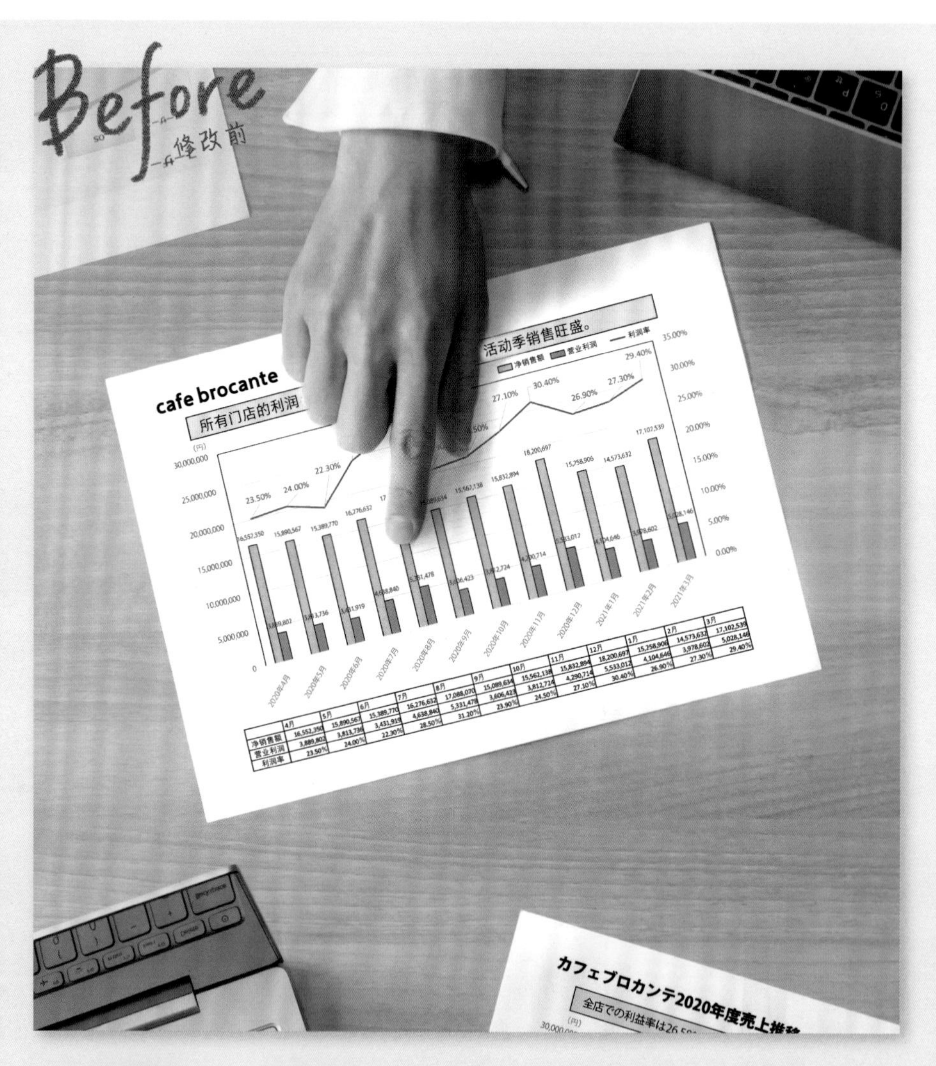

这是去年的销售报告，我第一次制作这么复杂的表格。

要点!

销售报告的作用是分析并展示销售结果，以便针对当前明确的问题采取下一步行动。要注意不要让销售额变化趋势报告成为一种只展现数字的文书。

喂喂，报告不是汇报完销售额就结束了！我们应该充分了解未来可能存在的问题，提出相对应的解决方案，在此基础上制作报告。

Before修改前

只是将数字罗列到一起的报告结果

② 能从图表上顺利读取的内容不用写

① 无用的信息太多

cafe brocante2020年度营业额走向

所有门店的利润率为26.58%，暑假、圣诞等活动季销售旺盛。

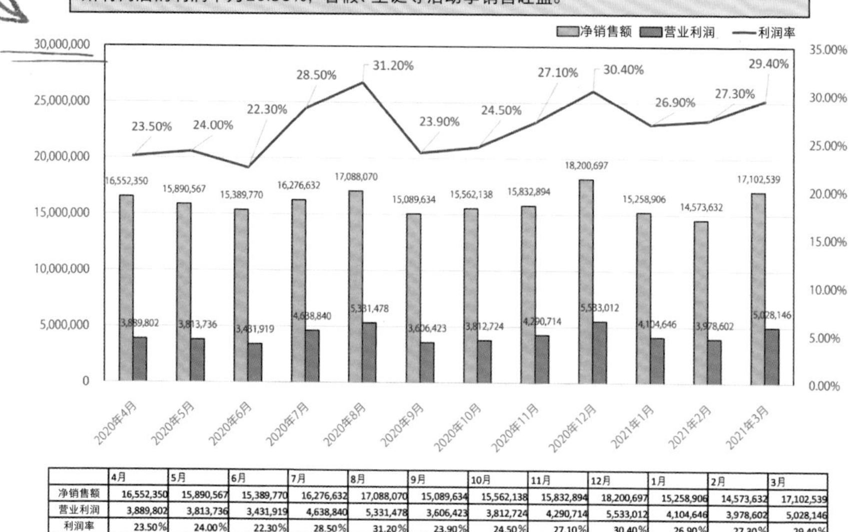

	4月	5月	6月	7月	8月	9月	10月	11月	12月	1月	2月	3月
净销售额	16,552,350	15,890,567	15,389,770	16,276,632	17,088,070	15,089,634	15,562,138	15,832,894	18,200,697	15,258,906	14,573,632	17,102,539
营业利润	3,889,802	3,813,736	3,431,919	4,638,840	5,331,478	3,606,423	3,812,724	4,290,714	5,533,012	4,104,646	3,978,602	5,028,146
利润率	23.50%	24.00%	22.30%	28.50%	31.20%	23.90%	24.50%	27.10%	30.40%	26.90%	27.30%	29.40%

③ 不需要插入带有过于精细数据的表格

编辑要点!

彻底整理复合型表格，明确表中信息的关联性

强大的编辑力

① 要尽量减少不必要的图形表格，使文本更便于读取。使用过多的数字、刻度、线条会使文本更容易出现错误，使用过多的颜色则会妨碍读者对文本的理解。

② 在补充说明中不需要写出那些可以从图中读取到的内容。与之相对应，在补充说明的部分明确提炼出变动的原因和将要实施的措施，有利于你下一步的行动。

③ 图表本身的趋势指引人们阅读，因此并不需要填入详细数字的表格。在图表中只列举重要的数字即可。

体现发展趋势和解决对策的文书

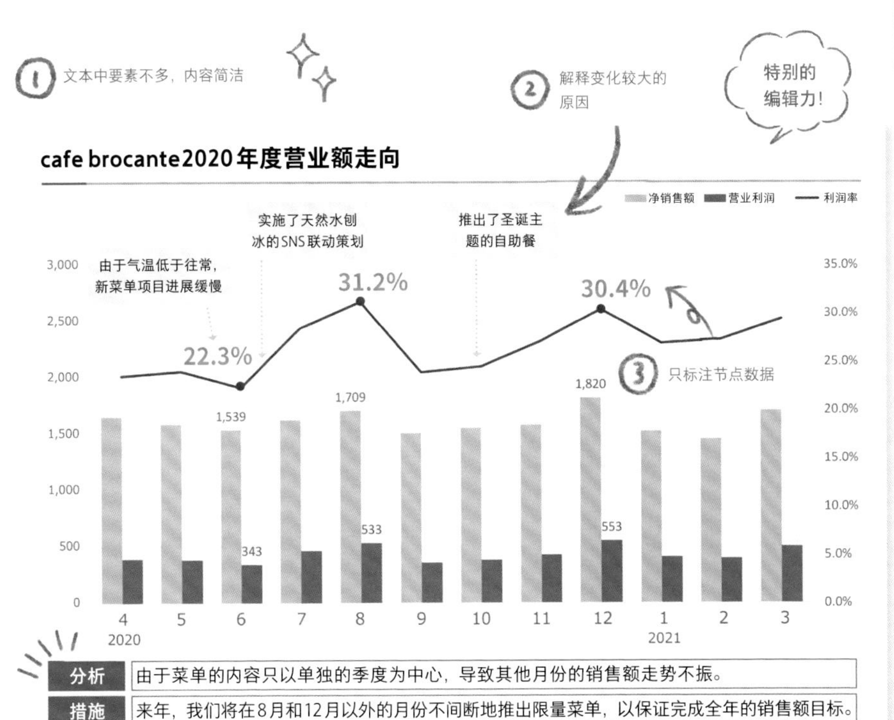

分析	由于菜单的内容只以单独的季度为中心，导致其他月份的销售额走势不振。
措施	来年，我们将在8月和12月以外的月份不间断地推出限量菜单，以保证完成全年的销售额目标。

更多的编辑力！

Before 修改前

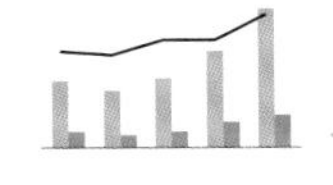

After 修改后

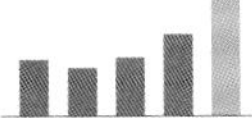

需要仔细阅读的复合型表格不适合用于幻灯片或外部文书。

用于比较和分析多个元素的复合型表格过于复杂不利于阅读，所以很少被用于观看时间较短的幻灯片中，无论公司内外。当要制作这样的幻灯片时，就要摘取文本中最想强调的、最重要的表格。

第3章
05

公司内部演示资料

绩效统计表

从1月份到这个月，我一直在努力工作！
看看如图所示的我的业绩成果吧！

要点！

当你试图在幻灯片中展示工作成就和结果时，使用图表能产生更好的效果。要使用更加直观的表现方式，让人能够快速地理解信息内容。

吸引力还不够！
要突出更多需要获得人们关注的部分！

Before 修改前

文本信息过多无法展现成果

① 刻度辅助线太多了

【2020年度】上半年老年人智能手机用户数

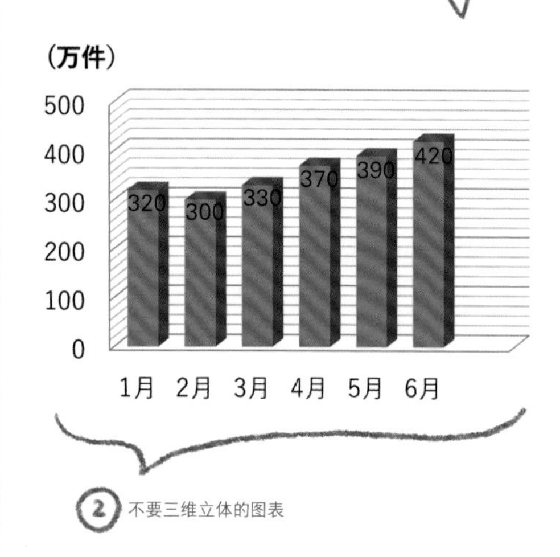

手机用户数量稳步增长

上半年认购数量创历史新高。
如今价格较低的智能手机和触屏手机广为普及，并且在此基础上我们还采取了与智能手机使用频率相匹配的销售方案，这使得手机用户数量持续增加。
上半年，老年人智能手机用户数量直到夏季仍在增长。
此外，老人机的停产也被认为是老年人智能手机用户数量增加的重要因素。

② 不要三维立体的图表

③ 文字过多，没有兴趣阅读幻灯片

编辑要点！

去除多余的元素，强调工作成果

这才是编辑力！

① 即使没有辅助线和垂直轴，人们也可以读取和理解文本数据。我们还可以在柱状图的上方增加一个向上的箭头来强调用户数量的上涨。

② 三维立体的柱状图看起来会比较复杂，不利于传递信息。建议使用平面的柱状图，只需改变需要强调的长方形的颜色即可，这样会使整个柱状图看起来简洁干练一些。

③ 如果能加入目标值、达成率等说明成果的数字就更有说服力了。图表以外的说明只展示最想传达的一条信息即可。

After 修改后

突显工作成果的简洁的幻灯片版型

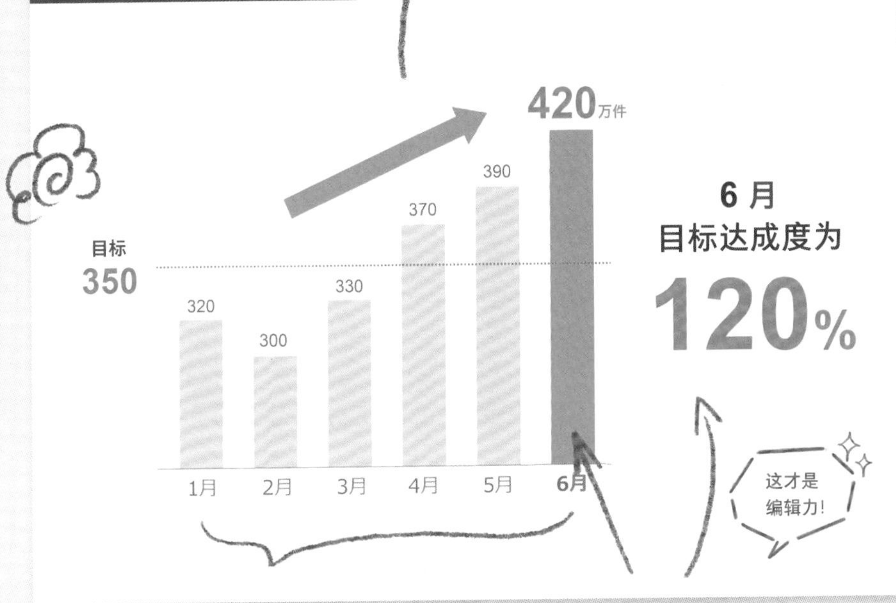

更多的编辑力!

Before 修改前

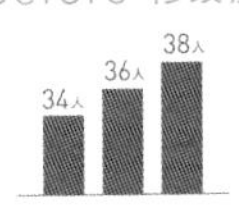

After 修改后

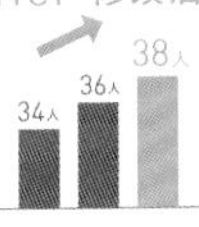

在工作中需要汇报成果和业绩的情况非常多，一定要突出可以增强人们信心的数字!

即便你费尽心思地制作了汇报成果的幻灯片，如果没有明显地突出你的工作成果，那么你所付出的努力和辛苦也不会让任何人感受到。因此不要只绘制图表，要善于使用颜色和调整字体大小，通过这些方式来强调最需要表达的部分，以此来突显你优秀的业绩。

日程摘要

我打算将整个文书页面做得又大又清晰，
我是这么计划的!

要点！

在制作日程摘要的幻灯片时，要注意制作的目的是让人们感觉到文本中事件能够发生的可能性。

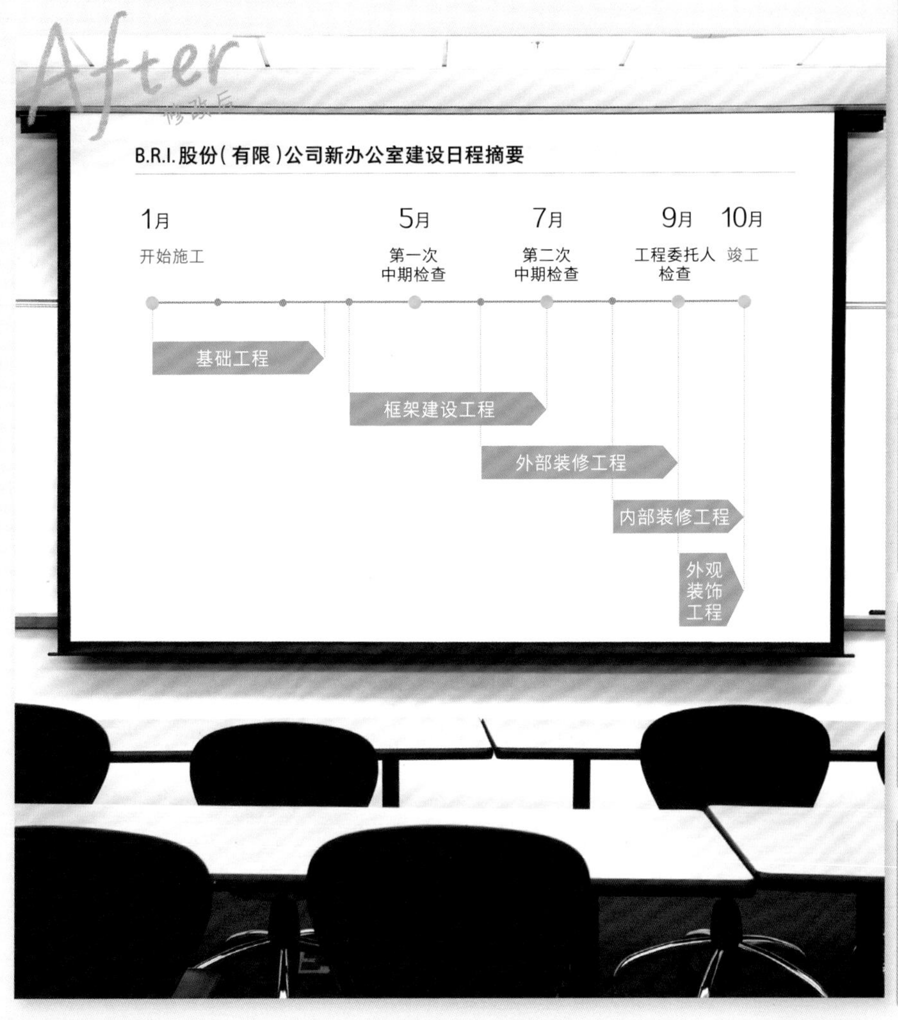

这种形式会不会显得制作有些随意？
如果不适当地重复展示和说明工程，那么很难让读者产生相应的印象并明确制作者想要通过文书所传达的内容。

Before 修改前

过于粗糙让人感觉不到可行性

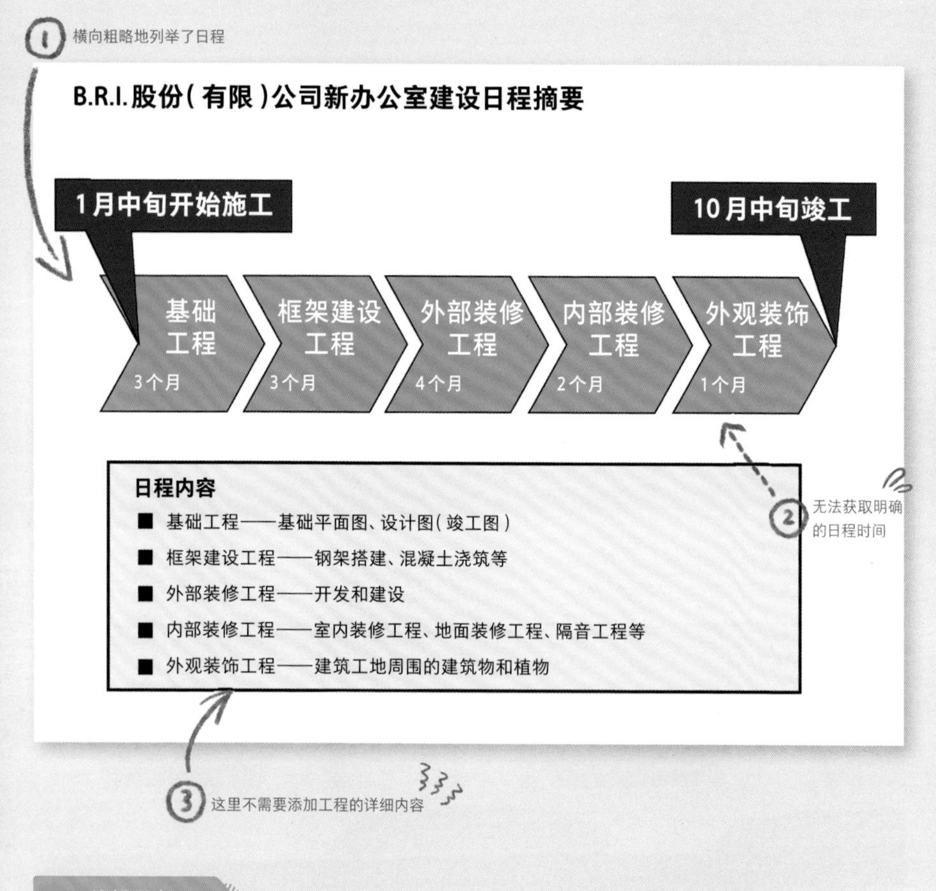

编辑要点!

可以在工程施工进展图上看到所有的日程安排

出色的编辑力

① 相较于横向的流程图，更推荐使用能够看到重叠工序的工程施工进展图来进行制作。在演示文稿中展示的工程数量最好控制在四个到五个。

② 并不需要标注具体的期限，只需列举出工程的年月即可，如此便已经使文本显得非常具体了，而每个工程所需要的具体周期长度可以选择使用不同长度的箭头来表示。

③ 我们以重要的计划为依据，在此基础上做出明确的标注，点明每一个重要的时间节点，让它们发挥里程碑一般的作用，以此为前提传达计划中的详细信息。

After 修改后

将完成的流程可视化

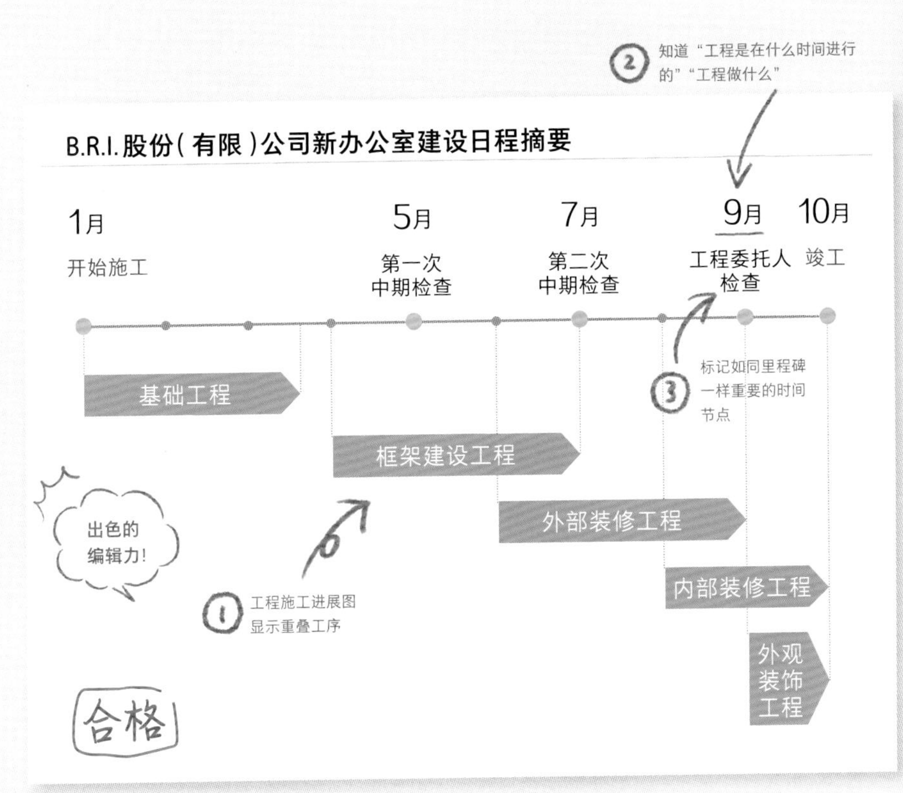

更多的编辑力！

在计划的基础上制作用于幻灯片之中的日程摘要。

汇报的文书如同上面所示的日程摘要一样，能够展现大致流程即可。但是若没有做出具体的计划安排就汇报会让人觉得没有可行性。因此，我们应该首先总结详细的日程安排，然后制作用于幻灯片演示的日程摘要。

图表的类型

在制作商业文书时经常会使用到图表。很多人认为：用饼状图来统计详细的数据信息，用柱状图来进行数据的对比就可以了吧？但实际上，无论文本的内容有多么精彩，如果使用了不合适的图表，那么想要通过图表传达的内容就无法准确传达，而使用图表的效果也会降低。

从不同类型的图表中学习编辑力！

图表的类型主要分为线型图、柱状图、饼状图……
图表类型不就只有这几种吗？

是的，基本上经常出现的图表类型就是这三种。
那你知道什么时候要使用折线吗？

折线……因为是线条，
当你想使文本看起来很清晰明确的时候使用折……折线？

这是什么啊。下面我们来学习各个图表的特征，结合编辑目的选择使用不同的图表。

“想要表达什么”决定了你使用什么类型的图表。为了能够最大程度地发挥图表的作用，我们应该掌握编辑图表的技巧与方法，做到能够在不同情况下立刻制作出最合适的图表！

编辑要点！

- 节省时间 …………………………………… 模仿优质图表的版式类型
- 减轻读者的阅读负担 ……… 文本配色，图例的位置和线条边框的颜色
- 易于理解 ……………………………………………… 选择最合适的图表
- 传达重点 ………………………………………… 分清主次、优劣内容等

① 特点

饼状图、柱状图和折线图是商业文书制作中较为常用的几种图表类型。其中，柱状图本身也分为很多种不同的类型，如堆积柱状图、带状图、水平柱状图等。下面将对最常见的六种图表的特点进行系统地总结说明。

图表		特征
	柱状图	用于比较数值的大小
	折线图	用于体现数值的增减
	饼状图	用于体现数据的构成占比情况
	带状图	用于比较数据的构成占比情况
	堆积柱状图	不仅可以进行数据的比较， 还可以展现具体的数据内容
	散点图	用于展现两个项目之间的关系

② 区分使用

首先，我们以虚构主题为例，比较最常用的柱状图和折线图，看看哪种图表更能准确地传达内容。

题目 注册用户的数量变化情况

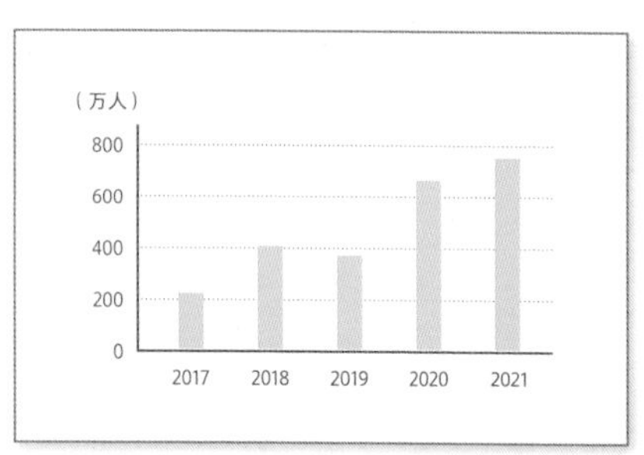

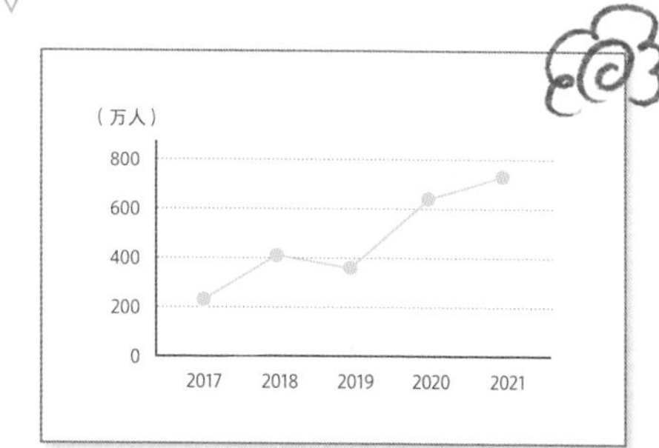

使用这两种图表都不会出错，但是折线图更能体现“注册用户数在2019年曾出现过一次先减少之后又增加的变化情况”。

题目 不同部门的销售额比较

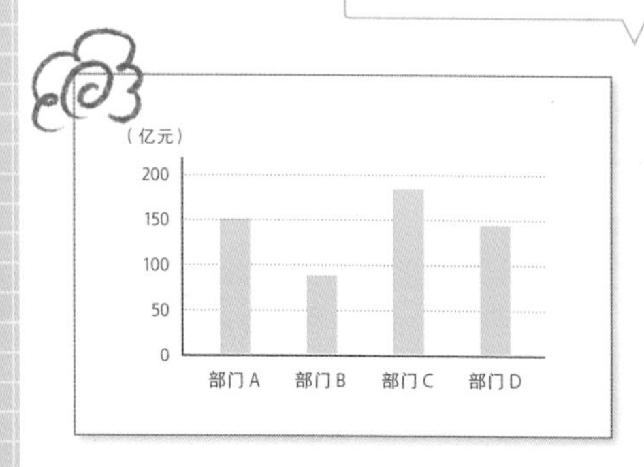

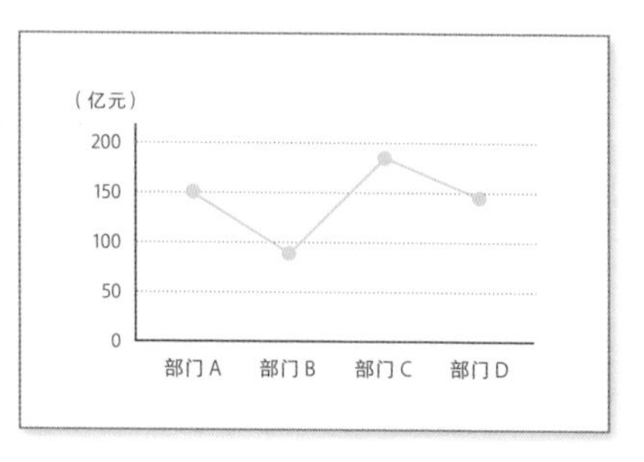

例如，如果目的是显示“部门D的销售额刚好低于部门A的销售额”，那么正如图中所示，用折线图是很难表达这一点的。也就是说我们要意识到，如果难以决定使用哪种图表，那么只要时刻记住“柱状图主要用于数据比较，折线图主要用于展现数据的变化情况”这一规律，问题便可解决。

接下来我们分析一下堆积柱状图。这类图表很好地比较了各项目占总数的比例和总数数量，但竖版堆积柱状图和横版堆积柱状图有什么不同？

题目　不同营业点的销售额比较

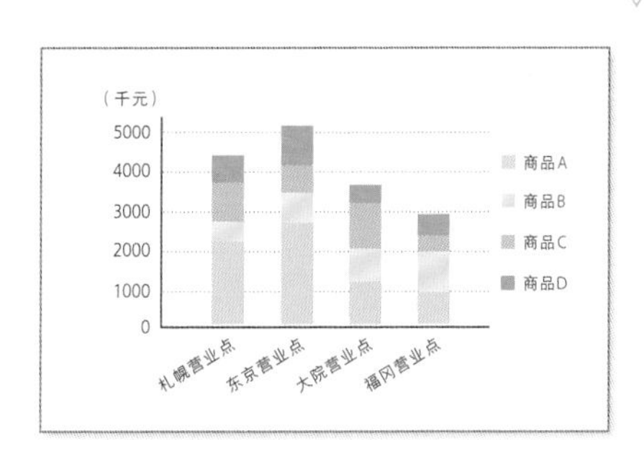

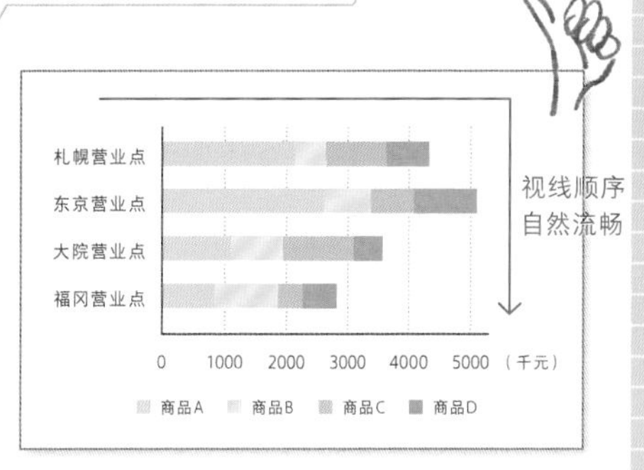

一方面，如左上图所示，“东京营业点”等项目的名称都是倾斜的，不利于读者读取。而且图中项目名称和标注太多，会使视线来回移动。而选择如右上图的横版堆积柱状图，可以引导读者的视线，使读者自然流畅地从左上阅读到右下，对读者来说，这种柱状图更加方便。

另一方面，如果要在表格中比较不同时间的数据时，如1月、2月、3月等，为了满足从左到右的普遍阅读习惯，最好使用竖版堆积柱状图。在编辑制作图表时，最好明确“想要传达什么内容”，在此基础上选择使用不同的图表。

更多的编辑力！

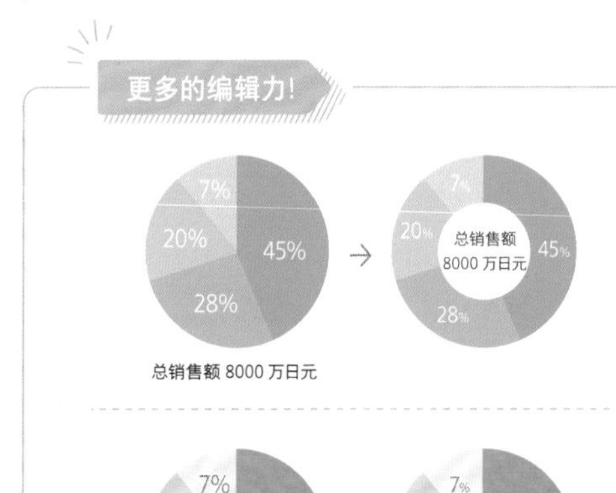

如果在制作时想要展现出整体以及具体的数据内容，那么可以选择使用甜甜圈形饼状图。
使用这种图表不仅可以把握整体数据，还可以节省文本空间，使整个文本看起来更加清晰整洁。

在左图中，“20％”和“28％”这两个部分没有太大差别。因而如果想要强调“28％”这一部分，可以将它与其他项目割裂开来，以此起到强调和引人注目的目的。

更多内容

如何进一步优化版面设计

公司内部文书

制作公司内部资料最重要的规则是简单易懂，但在制作宣传资料和演示文本时加入一些巧思，不仅利于调动读者的阅读积极性，还可以加深读者对于文本内容的理解。下面将以之前提到的不同主题内容为例，为大家介绍一些可以升华整个文本素材的编辑方法。

我们需要设计用于公司内部的文书吗？
这听起来好像很难制作……

下面介绍的所有编辑方法都可以通过PowerPoint来制作！
这会使文书更高效！

案例01

如何才能使文本激发读者的阅读兴趣？

通过加入剪切画和个人信息来突出员工的个性。

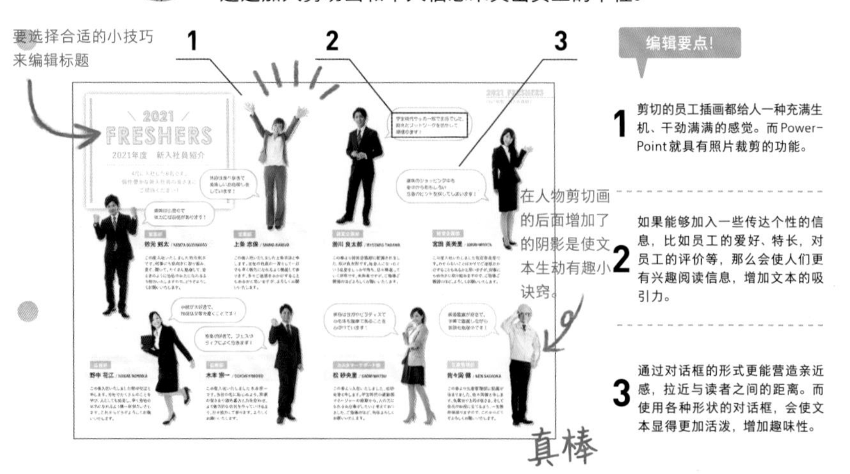

编辑要点！

1 剪切的员工插画都给人一种充满生机、干劲满满的感觉。而PowerPoint就具有照片裁剪的功能。

2 如果能够加入一些传达个性的信息，比如员工的爱好、特长，对员工的评价等，那么会使人们更有兴趣阅读信息，增加文本的吸引力。

3 通过对话框的形式更能营造亲近感，拉近与读者之间的距离。而使用各种形状的对话框，会使文本显得更加活泼，增加趣味性。

新员工介绍页面［P.36－39］

案例 02

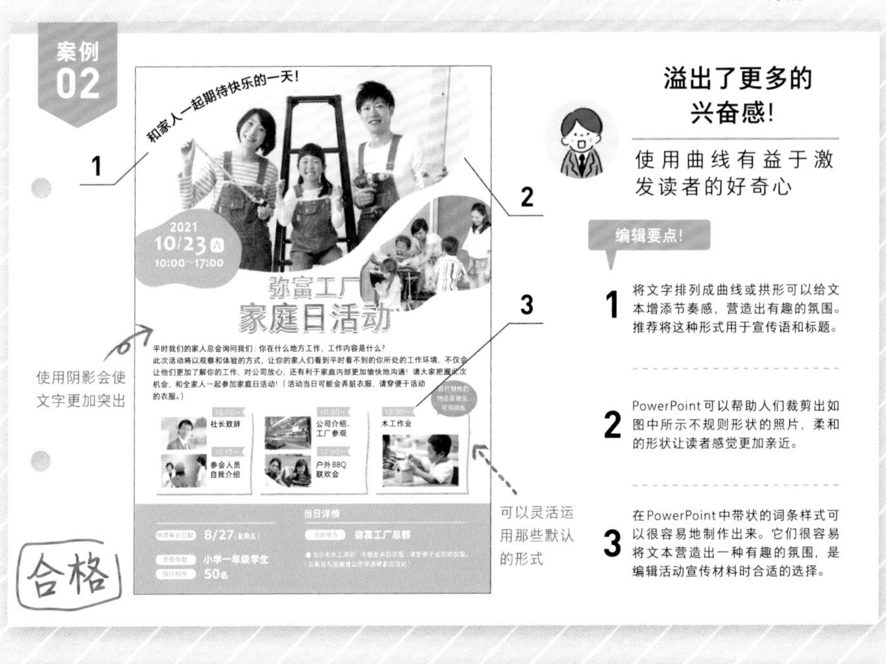

溢出了更多的兴奋感!

使用曲线有益于激发读者的好奇心

编辑要点!

1 将文字排列成曲线或拱形可以给文本增添节奏感，营造出有趣的氛围。推荐将这种形式用于宣传语和标题。

2 PowerPoint可以帮助人们裁剪出如图中所示不规则形状的照片，柔和的形状让读者感觉更加亲近。

3 在PowerPoint中带状的词条样式可以很容易地制作出来。它们很容易将文本营造出一种有趣的氛围，是编辑活动宣传材料时合适的选择。

案例 03

让人们加深对于工序和时间的认识

交错使用不同颜色的背景，有利于将人们的视线从左引导至右。

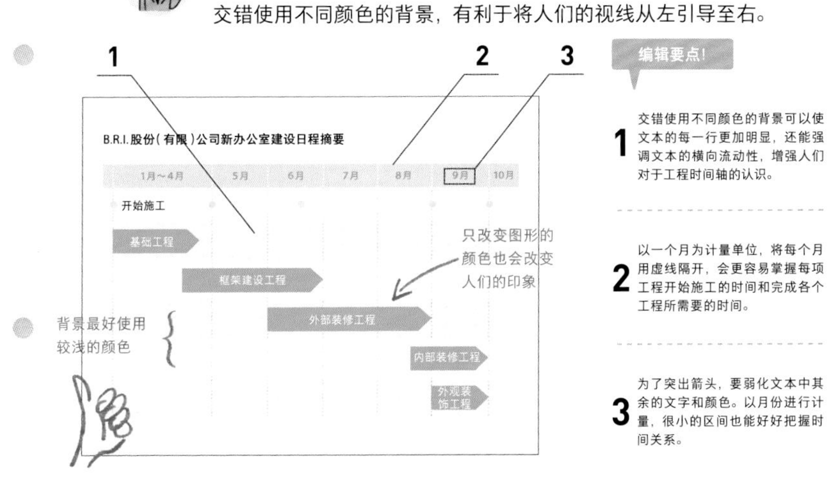

编辑要点!

1 交错使用不同颜色的背景可以使文本的每一行更加明显，还能强调文本的横向流动性，增强人们对于工程时间轴的认识。

2 以一个月为计量单位，将每个月用虚线隔开，会更容易掌握每项工程开始施工的时间和完成各个工程所需要的时间。

3 为了突出箭头，要弱化文本中其余的文字和颜色。以月份进行计量，很小的区间也能好好把握时间关系。

第4章

公司对外宣传

01 产品宣传册

02 应届毕业生招聘宣传手册

03 企业社会责任报告书

04 名片

05 活动新闻稿

06 利用社交媒体打造品牌

公司对外宣传的目的是什么？

简而言之，公司对外宣传本质上就是与社会建立一定的关系，其目的是让人们正确了解公司的产品和服务，增加公司的粉丝数量，促进销售。人们一听到“外部公关”这个词，第一反应可能会想到投资者关系管理、招聘等有望产生经济效益的活动。当然，通过媒体发布和社交网络服务来提高知名度，甚至分发一张名片都可以算是很好的公关宣传。和公司内部的宣传公关一样，设置关键绩效指标很重要，比如社交媒体上的点赞数，通过观察人们对于所发内容的反应来做计划加以改进，这样就不会造成宣传信息的不对等。

近来，企业开始利用各种媒体和社交网站发布信息进行宣传推广。

这不仅是为了直接吸引客户，也是因为提高大众对公司的信任度非常重要。

第4章

01

公司对外宣传

产品宣传册

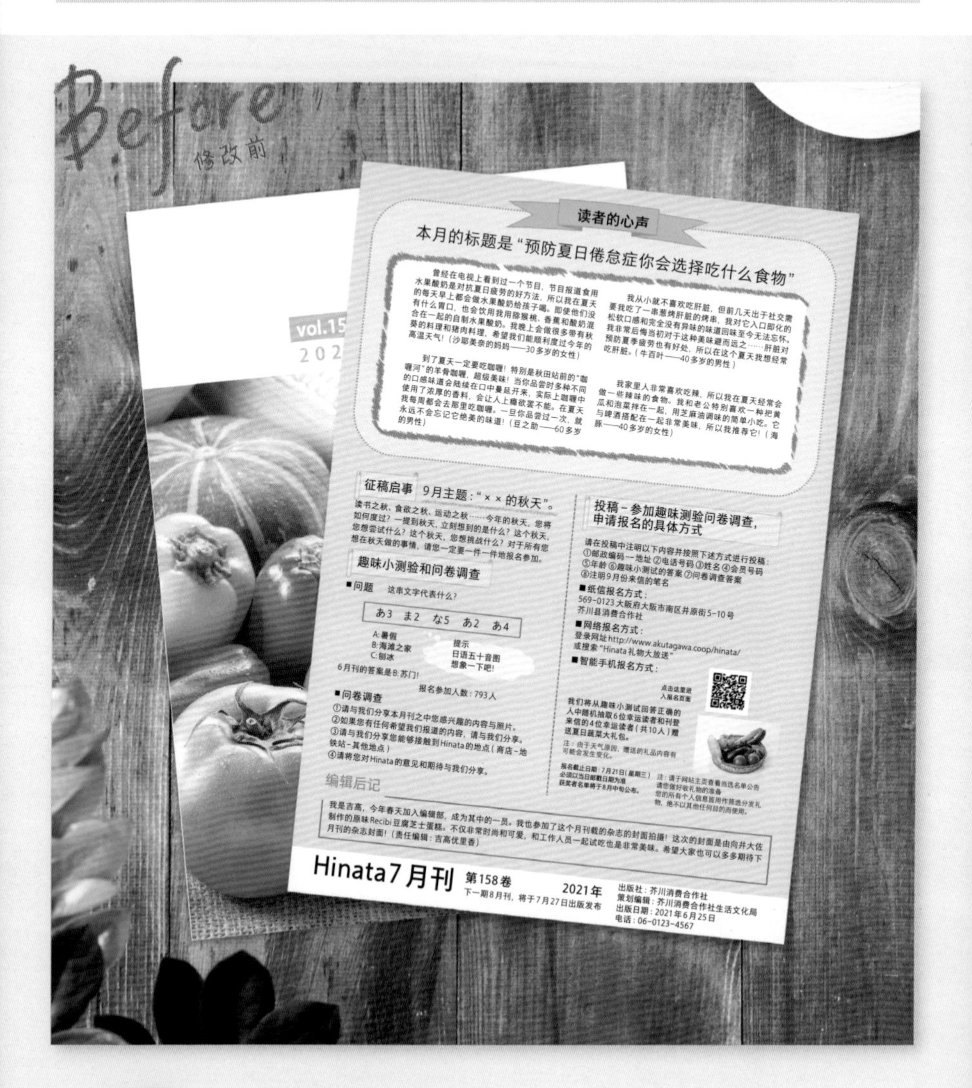
Before 修改前

读者的心声

本月的标题是“预防夏日倦怠症你会选择吃什么食物”

曾经在电视上看到过一个节目，节目报道食用水果酸奶是对抗夏日疲劳的好方法，所以我在夏天的每天早上都会做水果酸奶给孩子喝。即使他们没有什么胃口，也会饮用我用猕猴桃、香蕉和酸奶混合在一起的自制水果酸奶。我晚上会做很多带有秋葵的料理和猪肉料理，希望我们能顺利度过今年的高温天气！（沙耶美奈的妈妈——30多岁的女性）

到了夏天一定要吃咖喱！特别是秋田站前的“咖喱河”的羊骨咖喱，超级美味！当你品尝时多种不同的口感味道会陆续在口中蔓延开来，实际上咖喱中使用了浓厚的香料，会让人上瘾欲罢不能。在夏天我每周都会去那里吃咖喱。一旦你品尝过一次，就永远不会忘记它绝美的味道！（豆之助——60多岁的男性）

我从小就不喜欢吃肝脏，但前几天出于社交需要我吃了一串葱烤肝脏的烤串，我对它入口即化的松软口感和完全没有异味的味道回味至今无法忘怀。我非常后悔当初对于这种美味避而远之……肝脏对预防夏季疲劳也有好处，所以在这个夏天我想经常吃肝脏。（牛百叶——40多岁的男性）

我家里人非常喜欢吃辣，所以我在夏天经常会做一些辣味的食物。我和老公特别喜欢一种把黄瓜和泡菜拌在一起，用芝麻油调味的简单小吃。它与啤酒搭配在一起非常美味，所以我推荐它！（海豚——40多岁的女性）

征稿启事 9月主题：“××的秋天”。

读书之秋、食欲之秋、运动之秋……今年的秋天，您将如何度过？一提到秋天，立刻想到的是什么？这个秋天，您想尝试什么？这个秋天，您想挑战什么？对于所有您想在秋天做的事情，请您一定要一件一件地报名参加。

趣味小测验和问卷调查

■问题 这串文字代表什么？

あ3 ま2 な5 あ2 あ4

A:暑假
B:海滩之家
C:刨冰

提示
日语五十音图
想象一下吧！

6月刊的答案是B:苏门！

报名参加人数：793人

■问卷调查

①请与我们分享本月刊之中您感兴趣的内容与照片。
②如果您有任何希望我们报道的内容，请与我们分享。
③请与我们分享您能够接触到Hinata的地点（商店－地铁站－其他地点）
④请将您对Hinata的意见和期待与我们分享。

投稿－参加趣味测验问卷调查，申请报名的具体方式

请在投稿中注明以下内容并按照下述方式进行投稿：
①邮政编码一地址 ②电话号码 ③姓名 ④会员号码 ⑤年龄 ⑥趣味小测试的答案 ⑦问卷调查答案 ⑧注明9月份来信的笔名

■纸信报名方式：
569-0123 大阪府大阪市南区井原街5-10号
芥川县消费合作社

■网络报名方式：
登录网址http://www.akutagawa.coop/hinata/
或搜索“Hinata礼物大放送”

■智能手机报名方式：

点击这里进入报名页面

我们将从趣味小测试回答正确的人中随机抽取6位幸运读者和刊登来信的4位幸运读者（共10人）赠送夏日蔬菜大礼包。

注：由于天气原因，赠送的礼品内容有可能会发生变化。

报名截止日期：7月21日（星期三）
必须以当日邮戳日期为准
获奖者名单将于8月中旬公布。

注：请于网站主页查看当选名单公告
请您做好收礼物的准备
您的所有个人信息皆用作筛选分发礼物，绝不以其他任何目的而使用。

编辑后记

我是吉高，今年春天加入编辑部，成为其中的一员。我也参加了这个月刊载的杂志的封面拍摄！这次的封面是由向井大佐制作的原味Recibi豆腐芝士蛋糕。不仅非常时尚和可爱，和工作人员一起试吃也是非常美味。希望大家也可以多多期待下月刊的杂志封面！（责任编辑：吉高优里香）

Hinata7月刊 第158卷 2021年
下一期8月刊，将于7月27日出版发布

出版社：芥川消费合作社
策划编辑：芥川消费合作社生活文化局
出版日期：2021年6月25日
电话：06-0123-4567

宣传册想让更多的人看到！
这次的礼物让人兴奋！

要点！

宣传册是企业和读者的交流工具之一。这不仅仅是单方面的信息发布，我们应该专注于报道读者感兴趣的事情。

本月的回馈读者，礼物大放送活动

只要回答趣味小测试和问卷调查就有机会获得特地为您准备的奖品哦

随机抽取10位幸运读者

夏日蔬菜大礼包

为您提供源源不断的当季新鲜蔬菜

由于天气原因，赠送的礼品内容有可能会发生变化。

日向农场
松茂由隆

趣味小测验和问卷调查

问题 这串文字代表什么？

あ3　ま2　な5　あ2　あ4

A：暑假
B：海滩之家
C：刨冰

提示
日语五十音图
想象一下吧！

月刊的答案是B：苏门！
报名参加人数：793人

问卷调查
请与我们分享本月刊之中您感兴趣的内容与照片。
如果您有任何希望我们报道的内容，请与我们分享。
请与我们分享您能够接触到Hinata的地点（商店-地铁站-其他地点）
请将您对Hinata的意见和期待与我们分享。

人气投稿读者的投稿分享角

属于大家的分享展示广场

曾经在电视上看到过一个节目，节目报道食用水果酸奶是对抗夏日疲劳的好方法，所以我在夏天的每天早上都会做水果酸奶给孩子喝。即使他们没有什么胃口，也会饮用我制作的将猕猴桃、香蕉和酸奶混合在一起的水果酸奶。我晚上会做很多带有秋葵的料理和猪肉料理，希望我们能顺利度过今年的高温天气！（沙耶美奈的妈妈——30多岁的女性）

到了夏天一定要吃咖喱！特别是秋田站前的“咖喱河”的羊骨咖喱，超级美味！当你品尝时多种不同的口感味道会陆续在口中蔓延开来，实际上咖喱中使用了浓厚的香料，会让人上瘾欲罢不能。在夏天我每周都会去那里吃咖喱。一旦你品尝过一次，就永远不会忘记它绝美的味道！（豆之助——60多岁的男性）

本月的标题

预防夏日倦怠症你会选择吃什么食物

我从小就不喜欢吃肝脏，但前几天出于社交需要我吃了一串葱烤肝脏的烤串，我对它入口即化的松软口感和完全没有异味的味道回味至今，无法忘怀。我非常后悔当初对于这种美味避而远之……肝脏对预防夏季疲劳也有好处，所以在这个夏天我想经常吃肝脏。（牛百叶——40多岁的男性）

我家里人非常喜欢吃辣，所以我在夏天经常会做一些辣味的食物。我和老公特别喜欢一种把黄瓜和泡菜拌在一起，用芝麻油调味的简单小吃。它与啤酒搭配在一起非常美味，所以我推荐它！（海豚——40多岁的女性）

征稿启事 9月主题：“××的秋天”。

读书之秋、食欲之秋、运动之秋……今年的秋天，您将如何度过？一提到秋天，立刻想到的是什么？这个秋天，您想尝试什么？这个秋天，您想挑战什么？对于所有您想在秋天做的事情，请您一定要一件一件地报名参加。

编辑后记

我是吉高，今年春天加入编辑部，成为其中的一员。我也参加了这个月刊载的杂志的封面拍摄！这次的封面是由向井大佐制作的原味Recibi豆腐芝士蛋糕。不仅非常时尚和可爱，和工作人员一起试吃也是非常美味。希望大家也可以多多期待下月刊的杂志封面！

责任编辑：吉高优里香

Hinata 7月号 vol.158 2021

出版社：芥川消费合作社
策划编辑：芥川消费合作社生活文化局
出版日期：2021年6月25日
电话：06-0123-4567
下一期8月刊，将于7月27日出版发布

投稿・参加趣味测验问卷调查申请报名的具体方式

请在投稿中注明以下内容并按照下述方式进行投稿：
(1)邮政编码--地址(2)电话号码(3)姓名(4)会员号码(5)年龄(6)趣味小测试的答案(7)问卷调查答案(8)注明9月份来信的笔名

纸信报名方式：569-0123 大阪府大阪市南区井原街5-10号 芥川着消费合作社

网络报名方式：http://www.akutagawa.coop/hinata/
或搜索“Hinata礼物”

智能手机报名方式：

点击这里
进入报名页面

报名截止日期 7月21日（星期三）必须以当日邮戳日期为准 获奖者名单将于8月中旬公布。

请于网站主页查看当选名单公告
请您做好收取奖品的准备
您的所有个人信息皆用作筛选信息并分发奖品，绝不以其他任何目的而使用。

那样太复杂了，我们需要想办法在呈现内容时做到既让读者有兴趣阅读，同时又不需要花费太多精力。

Before 修改前

只注重单方面的信息传达

①

没有突显读者交流角的名称

读者的心声

本月的标题是“预防夏日倦怠症你会选择吃什么食物”

曾经在电视上看到过一个节目，节目报道食用水果酸奶是对抗夏日疲劳的好方法，所以我在夏天的每天早上都会做水果酸奶给孩子喝。即使他们没有什么胃口，也会饮用我用猕猴桃、香蕉和酸奶混合在一起的自制水果酸奶。我晚上会做很多带有秋葵的料理和猪肉料理，希望我们能顺利度过今年的高温天气！（沙耶美奈的妈妈——30多岁的女性）

到了夏天一定要吃咖喱！特别是秋田站前的“咖喱河”的羊骨咖喱，超级美味！当你品尝时多种不同的口感味道会陆续在口中蔓延开来，实际上咖喱中使用了浓厚的香料，会让人上瘾欲罢不能。在夏天我每周都会去那里吃咖喱。一旦你品尝过一次，就永远不会忘记它绝美的味道！（豆之助——60多岁的男性）

我从小就不喜欢吃肝脏，但前几天出于社交需要我吃了一串葱烤肝脏的烤串，我对它入口即化的松软口感和完全没有异味的味道回味至今无法忘怀。我非常后悔当初对于这种美味避而远之……肝脏对预防夏季疲劳也有好处，所以在这个夏天我想经常吃肝脏。（牛百叶——40多岁的男性）

我家里人非常喜欢吃辣，所以我在夏天经常会做一些辣味的食物。我和老公特别喜欢一种把黄瓜和泡菜拌在一起，用芝麻油调味的简单小吃。它与啤酒搭配在一起非常美味，所以我推荐它！（海豚——40多岁的女性）

②

内容显得过于单薄苍白

征稿启事 9月主题：“× × 的秋天”。

读书之秋、食欲之秋、运动之秋……今年的秋天，您将如何度过？一提到秋天，立刻想到的是什么？这个秋天，您想尝试什么？这个秋天，您想挑战什么？对于所有您想在秋天做的事情，请您一定要一件一件地报名参加。

趣味小测验和问卷调查

■问题 这串文字代表什么？

あ3 ま2 な5 あ2 あ4

A：暑假
B：海滩之家
C：刨冰

提示
日语五十音图
想象一下吧！

6月刊的答案是B：苏门！

报名参加人数：793人

■问卷调查

①请与我们分享本月刊之中您感兴趣的内容与照片。
②如果您有任何希望我们报道的内容，请与我们分享。
③请与我们分享您能够接触到Hinata的地点（商店－地铁站－其他地点）
④请将您对Hinata的意见和期待与我们分享。

投稿－参加趣味测验问卷调查，申请报名的具体方式

请在投稿中注明以下内容并按照下述方式进行投稿：
①邮政编码－－地址 ②电话号码 ③姓名 ④会员号码 ⑤年龄 ⑥趣味小测试的答案 ⑦问卷调查答案 ⑧注明9月份来信的笔名

■纸信报名方式：
569-0123大阪府大阪市南区井原街5-10号
芥川县消费合作社

■网络报名方式：
登录网址http://www.akutagawa.coop/hinata/
或搜索“Hinata礼物大放送”

■智能手机报名方式：

点击这里进入报名页面

我们将从趣味小测试回答正确的人中随机抽取6位幸运读者和刊登来信的4位幸运读者（共10人）赠送夏日蔬菜大礼包。

注：由于天气原因，赠送的礼品内容有可能会发生变化。

报名截止日期：7月21日（星期三）
必须以当日邮戳日期为准
获奖者名单将于8月中旬公布。

注：请于网站主页查看当选名单公告
请您做好收礼物的准备
您的所有个人信息皆用作筛选分发礼物，绝不以其他任何目的而使用。

③

文书整体风格偏暗，显得有些无趣

编辑后记

我是吉高，今年春天加入编辑部，成为其中的一员。我也参加了这个月刊载的杂志的封面拍摄！这次的封面是由向井大佐制作的原味Recibi豆腐芝士蛋糕。不仅非常时尚和可爱，和工作人员一起试吃也是非常美味。希望大家也可以多多期待下月刊的杂志封面！（责任编辑：吉高优里香）

Hinata7月刊 第158卷 2021年
下一期8月刊，将于7月27日出版发布

出版社：芥川消费合作社
策划编辑：芥川消费合作社生活文化局
出版日期：2021年6月25日
电话：06-0123-4567

编辑要点！

要添加“读者想要阅读”“读者想要参加”的内容

这才是编辑力

① 要选择能够吸引读者关注的标题和栏目名称，要制作能够发挥公司与读者之间双向信息交流作用的，更加亲近读者、给人亲近感的杂志页面。

② 为了让读者想要报名，要选择具有魅力、引人注目的趣味小测试和礼物。能够介绍产地和特征会使文书更具宣传效果。

③ 读者对于具有私密感的信息更加具有阅读兴趣，因此可以刊登一些提供奖品的赞助者和工作人员的照片，或者是可以刊登的评论等，这些素材都可以在很大程度上吸引人们关注。

After 修改后

可以更好地实现读者和企业之间的双向信息交流

这才是编辑力!

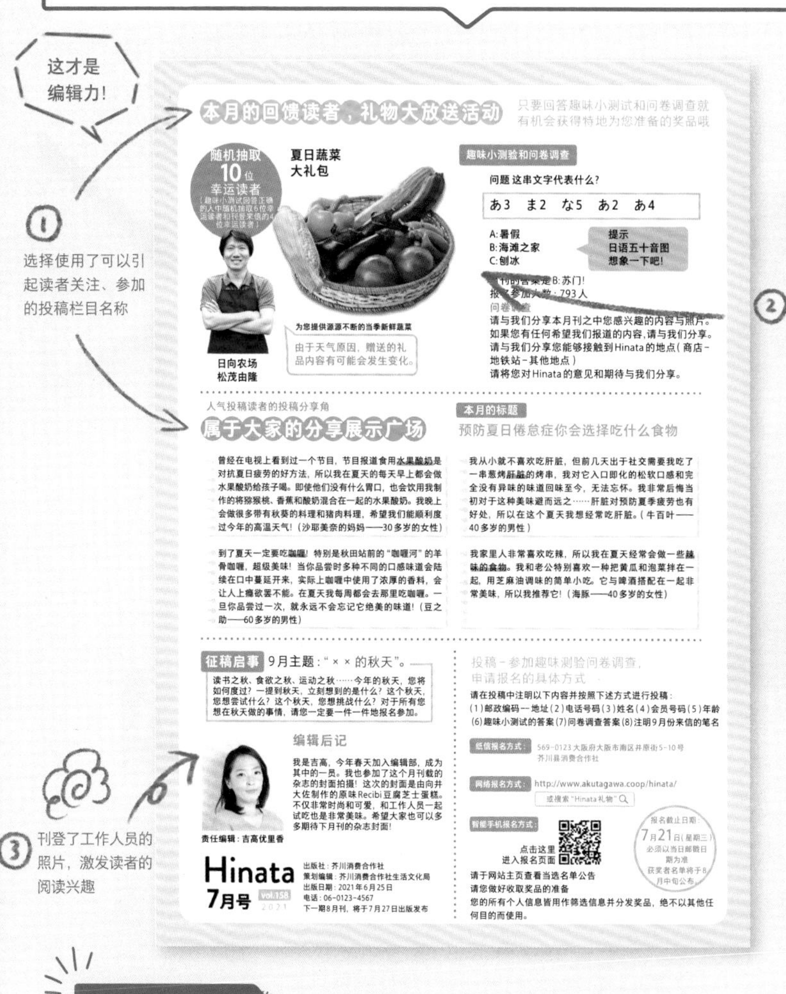

本月的回馈读者，礼物大放送活动

只要回答趣味小测试和问卷调查就有机会获得特地为您准备的奖品哦

随机抽取10位幸运读者（趣味小测试回答正确的人中随机抽取6位幸运读者和刊登来信的4位幸运读者）

夏日蔬菜大礼包

日向农场
松茂由隆

为您提供源源不断的当季新鲜蔬菜

由于天气原因，赠送的礼品内容有可能会发生变化。

趣味小测验和问卷调查

问题 这串文字代表什么?

あ3　ま2　な5　あ2　あ4

A:暑假
B:海滩之家
C:刨冰

提示
日语五十音图
想象一下吧!

[illegible]B:苏门!
[illegible]793人
问卷[illegible]
请与我们分享本月刊之中您感兴趣的内容与照片。
如果您有任何希望我们报道的内容，请与我们分享。
请与我们分享您能够接触到Hinata的地点（商店-地铁站-其他地点）
请将您对Hinata的意见和期待与我们分享。

人气投稿读者的投稿分享角

属于大家的分享展示广场

本月的标题

预防夏日倦怠症你会选择吃什么食物

曾经在电视上看到过一个节目，节目报道食用水果酸奶是对抗夏日疲劳的好方法，所以我在夏天的每天早上都会做水果酸奶给孩子喝。即使他们没有什么胃口，也会饮用我制作的将猕猴桃、香蕉和酸奶混合在一起的水果酸奶。我晚上会做很多带有秋葵的料理和猪肉料理，希望我们能顺利度过今年的高温天气!（沙耶美奈的妈妈——30多岁的女性）

我从小就不喜欢吃肝脏，但前几天出于社交需要我吃了一串葱烤肝脏的烤串，我对它入口即化的松软口感和完全没有异味的味道回味至今，无法忘怀。我非常后悔当初对于这种美味避而远之……肝脏对预防夏季疲劳也有好处，所以在这个夏天我想经常吃肝脏。（牛百叶——40多岁的男性）

到了夏天一定要吃咖喱！特别是秋田站前的“咖喱河”的羊骨咖喱，超级美味！当你品尝时多种不同的口感味道会陆续在口中蔓延开来，实际上咖喱中使用了浓厚的香料，会让人上瘾欲罢不能。在夏天我每周都会去那里吃咖喱。一旦你品尝过一次，就永远不会忘记它绝美的味道!（豆之助——60多岁的男性）

我家里人非常喜欢吃辣，所以我在夏天经常会做一些辣味的食物。我和老公特别喜欢一种把黄瓜和泡菜拌在一起，用芝麻油调味的简单小吃。它与啤酒搭配在一起非常美味，所以我推荐它!（海豚——40多岁的女性）

征稿启事 9月主题：“××的秋天”。

读书之秋、食欲之秋、运动之秋……今年的秋天，您将如何度过？一提到秋天，立刻想到的是什么？这个秋天，您想尝试什么？这个秋天，您想挑战什么？对于所有您想在秋天做的事情，请您一定要一件一件地报名参加。

编辑后记

我是吉高，今年春天加入编辑部，成为其中的一员。我也参加了这个月刊载的杂志的封面拍摄！这次的封面是由向井大佐制作的原味Recibi豆腐芝士蛋糕。不仅非常时尚和可爱，和工作人员一起试吃也是非常美味。希望大家也可以多多期待下月刊的杂志封面!

责任编辑：吉高优里香

Hinata
7月号 vol.158 2021

出版社：芥川消费合作社
策划编辑：芥川消费合作社生活文化局
出版日期：2021年6月25日
电话：06-0123-4567
下一期8月刊，将于7月27日出版发布

投稿-参加趣味测验问卷调查，申请报名的具体方式

请在投稿中注明以下内容并按照下述方式进行投稿：
(1)邮政编码--地址(2)电话号码(3)姓名(4)会员号码(5)年龄(6)趣味小测试的答案(7)问卷调查答案(8)注明9月份来信的笔名

纸信报名方式：569-0123大阪府大阪市南区井原街5-10号 芥川县消费合作社

网络报名方式：http://www.akutagawa.coop/hinata/
或搜索“Hinata礼物”

智能手机报名方式：
点击这里进入报名页面

报名截止日期：7月21日（星期三）必须以当日邮戳日期为准 获奖者名单将于8月中旬公布。

请于网站主页查看当选名单公告
请您做好收取奖品的准备
您的所有个人信息皆用作筛选信息并分发奖品，绝不以其他任何目的而使用。

① 选择使用了可以引起读者关注、参加的投稿栏目名称

② 用较大的篇幅展现奖品的相关信息，使活动更具有魅力、更吸引人

③ 刊登了工作人员的照片，激发读者的阅读兴趣

更多的编辑力!

合理灵活运用趣味小测试和问卷调查等活动，收集采纳读者的想法。

问卷调查是很好地听取读者建议、收集读者想法的宝贵机会。问卷调查的结果不仅可以很好地反映人们对于杂志页面的看法，还有利于形成企业与读者之间的、双向信息交流的积极循环模式，更加能够使企业与读者之间产生强烈共鸣。最好尽可能地选取容易回答的问题和便于操作的征集投稿方式，这样会提高投稿回答的比率。

02 应届毕业生招聘宣传手册

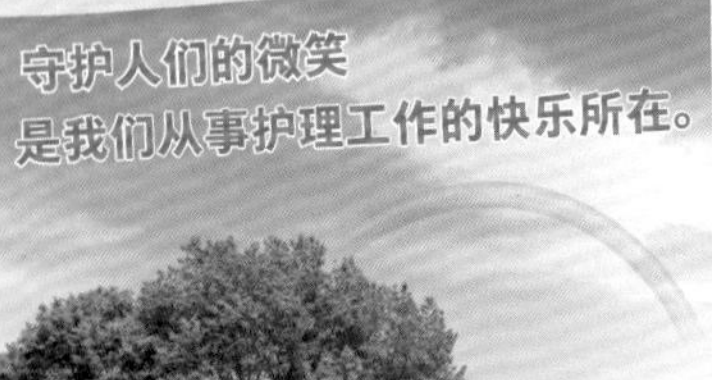

●我们的理念和观点

芥川日向之家的口号是“以充满微笑的亲切的体贴的服务态度与住户进行交流”。
要做到这一点，最重要的是重视那些支持我们，让我们能够进行这些互动的“人们”。
我们不仅仅对住户如此，对我们的员工也是体贴入微，努力创造一个让员工更加容易工作的工作环境。
如果你也想要通过这样服务他人，造福他人的工作而不断学习成长有所收获，如果你也乐于与他人交流沟通，那么不妨试试来芥川日向之家工作吧，我们欢迎你的到来。

●工作前辈的采访

北川惠子
2015年入职
樱花组护理员

我的主要工作是为需要帮助和护理的住户提供日常生活上的帮助与照顾，如帮助他们吃饭、洗澡等。每当听到这些受到过我们的帮助和照顾的住户们笑着对我们说“谢谢”时，总让我觉得这份工作十分具有意义和价值。
护理工作可能给人一种很辛苦的刻板印象，但实际上从事护理工作是很有成就感的，所以希望大家都能以积极的态度投入护理工作，成为护理工作人员的一员。
日向之家是一个环境良好充满欢乐的工作大家庭，员工们相处融洽，总会在彼此需要帮助的时候互相帮助携手共进。请一定要加入我们这个大家庭，和我们一起工作奋斗！

●工作环境——提供优质的工作环境！

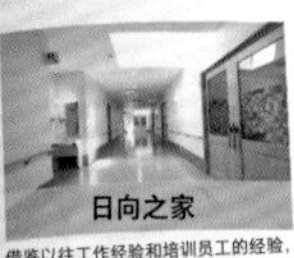

借鉴以往工作经验和培训员工的经验，不断听取员工的意见看法，以此为基础建设员工工作设施，营造工作氛围。

每年约有5名新员工加入我们公司。入职仪式结束后，举办新员工欢迎会。

每年举办一次员工交流派对，加深员工之间的亲厚友谊，使员工们更加亲密团结。

集中表达对每位员工辛勤工作一年多的感激之情。这是一位设施建设主任致辞的场景。

我使用圆形的文字来进行编辑，使文书更加具有亲近感。同样，我也在文书中展现了很多的企业活动。

要点！

不论是制作面向公司内部还是外部的宣传文书，都要选用能够明确帮助人们了解公司状况和让员工产生共鸣的内容以此来消除员工的不安。

充满微笑的亲切体贴的服务

我们芥川日向之家的口号是"以充满微笑的亲切的体贴的服务态度与住户进行交流"。如果你也想要通过这样服务他人，造福他人的工作而不断学习成长有所收获，如果你也乐于与他人交流沟通，那么不妨试试来芥川日向之家工作吧，我们欢迎你的到来。

为了创造舒适的工作环境

我们时刻谨记要不断努力改善优化我们的工作环境，为我们所有的员工创造一个更加舒适便捷的工作环境，我们将致力于取得工作与生活两者间的平衡状态，并以不断优化增加我们公司的福利待遇为目标继续努力。

每年超过120天的假期

每位职员每年有超过120天的假期。此外，员工还可以享受带薪年假和其他假期。每年还可享受一次为期5天以上的连休假期。

取得资格证书的奖励制度

对于获得工作所需的资格证书认证的员工，不仅可以获得公司提供的相应的奖金奖励。公司还会据此调整对于员工的培养进修方案，并帮助提高优化员工不同方面的工作能力与技能。

养育儿童的补贴

除了抚养津贴之外，还为孩子不同的成长阶段如出生和入学等等提供额外的补助。此外，我们公司的员工能够享受产假和育儿假期的比率为95%以上。

工作前辈的采访

北川惠子
2015年入职
樱花组护理员

问题：工作内容是什么－工作的价值是什么？

回答：我的主要工作是为需要帮助和护理的住户提供日常生活上的帮助与照顾，如帮助他们吃饭、洗澡等。每当听到这些受到过我们的帮助和照顾的住户们笑着对我们说"谢谢"时，总让我觉得这份工作十分具有意义和价值。

问题：为什么选择这家公司就职？

回答：芥川福利公司为儿童、老人和残疾人等不同的目标对象提供相应的专业服务支持，而在此工作可以使我更加接近并投身于这些广泛的服务帮助，所以我选择在这家公司就职。

问题：请给那些想要加入公司的人们一些宝贵意见

回答：我一直在积极主动地联系那些具有令我满意的工作氛围的令我感兴趣的公司，并且积极地参观学习这些公司的优点。而我如今就职的芥川公司就是其中之一。芥川公司的工作氛围是在其他计算机类公司或展会上无法获取到的。所以如果上述所有内容中有你感兴趣的某个部分，请一定不要犹豫，加入我们，成为我们之中的一员。

一天的日程安排计划示例

9:00 工作开始·进行交接工作
确认住户的夜间状况和前一天的食物摄入情况，开始一天的工作。

10:00 清扫房间和清洗衣服
跟进住户的日常生活，使住户能够心情舒畅地度过每一天。

11:30 准备午餐并帮助居民就餐
准备好餐具和茶水，控制住户的甜食摄取，帮助住户用餐。

13:00 休息
让住户食用由营养师管理计划的营养均衡的健康午餐。

14:00 娱乐放松
陪伴住户进行体操、排球、简单的趣味问答游戏等活动。
不仅可以锻炼身体还可以活跃大脑。

15:30 会议
和所有护理工作人员一起思考探究针对每个人的不同的护理方案。

16:30 康复护理·护理记录
帮助住户进行康复训练，并记录他们当天的身体状况，康复训练的内容等具体的护理情况。

18:00 进行交接工作·工作结束
将相关的工作信息和需要告知下一位值班的工作人员，进行交接工作，工作结束。
感谢今天一天的辛勤工作，辛苦了！

如果文书无法体现出对于公司和组织的理解以及展现出在该公司工作的状态，那么这个宣传文书就是无意义的，是没有效果的。

Before修改前

没有体现出招聘新员工的热情

守护人们的微笑
是我们从事护理工作的快乐所在。

● 我们的理念和观点

芥川日向之家的口号是“以充满微笑的亲切的体贴的服务态度与住户进行交流”。
要做到这一点，最重要的是重视那些支持我们，让我们能够进行这些互动的“人们”。
我们不仅仅对住户如此，对我们的员工也是体贴入微，努力创造一个让员工更加容易工作的工作环境。
如果你也想要通过这样服务他人，造福他人的工作而不断学习成长有所收获，如果你也乐于与他人交流沟通，那么不妨试试来芥川日向之家工作吧，我们欢迎你的到来。

● 工作前辈的采访

北川惠子
2015年入职
樱花组护理员

我的主要工作是为需要帮助和护理的住户提供日常生活上的帮助与照顾，如帮助他们吃饭、洗澡等。每当听到这些受到过我们的帮助和照顾的住户们笑着对我们说“谢谢”时，总让我觉得这份工作十分具有意义和价值。
护理工作可能给人一种很辛苦的刻板印象，但实际上从事护理工作是很有成就感的，所以希望大家都能以积极的态度投入护理工作，成为护理工作人员的一员。
日向之家是一个环境良好充满欢乐的工作大家庭，员工们相处融洽，总会在彼此需要帮助的时候互相帮助携手共进。请一定要加入我们这个大家庭，和我们一起工作奋斗！

● 工作环境——提供优质的工作环境！

日向之家
借鉴以往工作经验和培训员工的经验，不断听取员工的意见看法，以此为基础建设员工工作设施，营造工作氛围。

入社式
去年的新员工欢迎会
每年约有5名新员工加入我们公司。入职仪式结束后，举办新员工欢迎会。

员工交流派对
每年举办一次员工交流派对，加深员工之间的亲厚友谊，使员工们更加亲密团结。

公司年会
集中表达对每位员工辛勤工作一年多的感激之情。这是一位设施建设主任致辞的场景。

编辑要点！

要思考如何通过纸面上文书的编辑让人们感受到公司对于招聘的热情

最重要的是编辑力！

① 不应该选择使用风景图片，应该选用更能展现公司工作氛围的图片，这样更利于应聘者想象自己在就职后的工作状态。

② 公司前辈鼓励的话语固然不错，但应选择能够消除新人内心不安和能够答疑解惑的内容。选择使用问答形式的话会更容易理解。

③ 文书中的内容是应聘学生们真正想要了解的内容吗？加入为期一天的工作日程安排的示例会使学生们更加了解自己就职后实际要做的工作。

After 修改后

捕捉应聘的学生的不安和期待的心情

更多的编辑力！

关于教育培训制度的内容

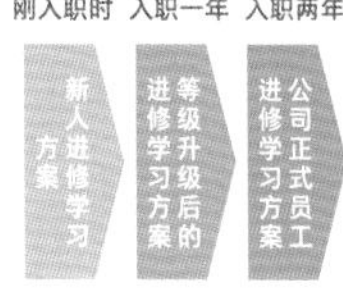

展示公司的进修制度时，与其详细地说明进修制度的内容，不如使用图表。

公司的员工进修制度也是应聘的学生们非常想要了解的内容之一。相较于详细说明、总结进修制度内容的文字，使用图表可以更加清晰明确地展现出员工在不同进修阶段和不同等级中的状况，更利于学生理解。想知道更多的学生可以提问。

第4章
03

公司对外宣传

企业社会责任报告书

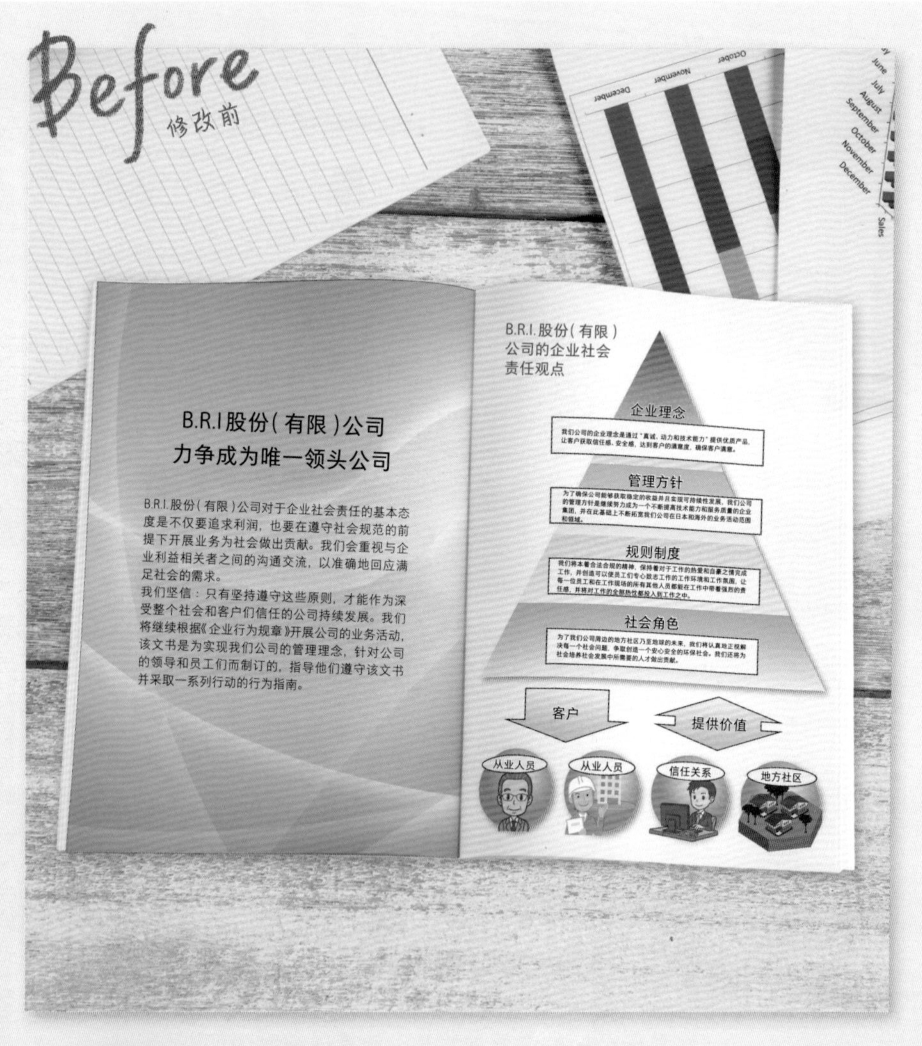

为了能够在一个对开页上更好地展示文本信息，我总结了本公司的企业社会责任。

要点！

在制作企业社会责任报告书时，因为经常需要用图表的形式来解释说明企业的经营理念和社会关系，所以应使用更加清晰明确的图表制作方式。

After

修改后

B.R.I股份(有限)公司

力争成为唯一领头公司

B.R.I.股份(有限)公司对于企业社会责任的基本态度是不仅要追求利润，也要在遵守社会规范的前提下开展业务为社会做出贡献。我们会重视与企业利益相关者之间的沟通交流，以准确地回应满足社会的需求。

我们坚信：只有坚持遵守这些原则，才能作为深受整个社会和客户们信任的公司持续发展。我们将继续根据《企业行为规章》开展公司的业务活动，该文书是为实现我们公司的管理理念，针对公司的领导和员工们而制订的，指导他们遵守该文书并采取一系列行动的行为指南。

◆力争成为唯一领头公司

企业理念

管理方针

规则制度

社会角色

提供价值

信任关系

客户

商业伙伴

从业人员

地方社区

社会角色

我们公司的企业理念是通过"真诚、动力和技术能力"提供优质产品，让客户获取信任感、安全感，达到客户的满意度，确保客户满意。

规则制度

我们将本着合法合规的精神，保持着对于工作的热爱和自豪之情完成工作，并创造可以使员工们专心致志工作的工作环境和工作氛围，让每一位员工和在工作现场的所有其他人员都能在工作中带着强烈的责任感，并将对工作的全部热忱都投入到工作之中。

管理方针

为了确保公司能够获取稳定的收益并且实现可持续性发展，我们公司的管理方针是继续努力成为一个不断提高技术能力和服务质量的企业集团，并在此基础上不断拓宽我们公司在日本和海外的业务活动范围和领域。

社会角色

为了我们公司周边的地方社区乃至地球的未来，我们将认真地正视解决每一个社会问题，争取创造一个安心安全的环保社会。我们还将为社会培养社会发展中所需要的人才做出贡献。

使用的颜色和添加的要素过多没有统一性……

最好使用更加简洁的、便于人们理解的文本结构。

Before修改前

文本看起来复杂而没有条理

① 全是图形，不利于人们读取文本信息

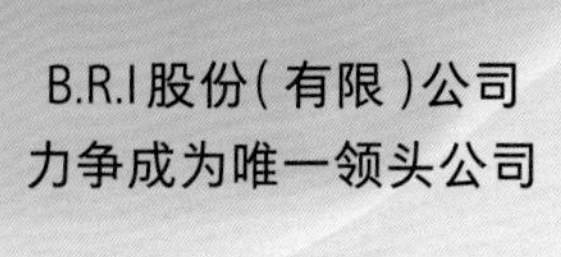

B.R.I.股份(有限)公司对于企业社会责任的基本态度是不仅要追求利润，也要在遵守社会规范的前提下开展业务为社会做出贡献。我们会重视与企业利益相关者之间的沟通交流，以准确地回应满足社会的需求。
我们坚信：只有坚持遵守这些原则，才能作为深受整个社会和客户们信任的公司持续发展。我们将继续根据《企业行为规章》开展公司的业务活动，该文书是为实现我们公司的管理理念，针对公司的领导和员工们而制订的，指导他们遵守该文书并采取一系列行动的行为指南。

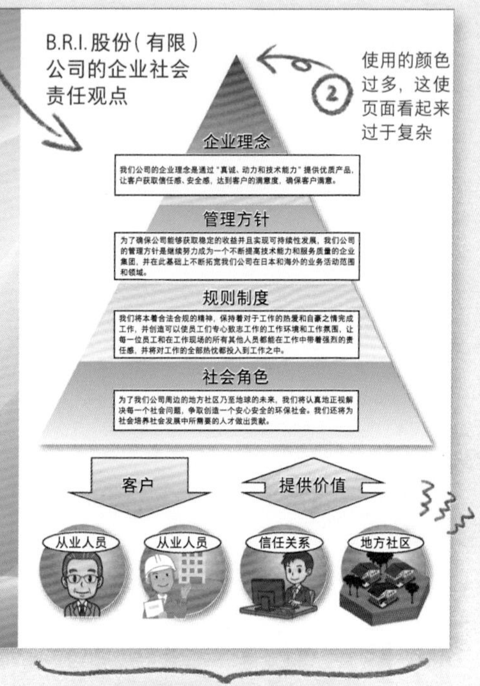

② 使用的颜色过多，这使页面看起来过于复杂

③ 插图显得有些土气

编辑要点！

要选择使用简洁的图表、清爽大方的颜色和文本要素

细致的编辑力！

① 不要滥用图表，确保文本中需要标色的部分线条颜色统一，如此一来会使文本看起来更加简洁清晰，也更利于人们读取图表信息。

② 颜色越多，信息的优先顺序就越不明确，内容看起来就越复杂。使用同色系不同浓度的颜色或是灰色来编辑则会使文本看起来更加简洁。

③ 如果你想加入视觉元素，你可用图标来代替插图。如此一来不仅可以保持报告书的正式感，还可以简洁、准确地传达文本信息。

After 修改后

更容易理解文本要素之间的关系

② 色系统一，
文本整洁明了

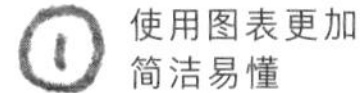

◆ 力争成为唯一领头公司

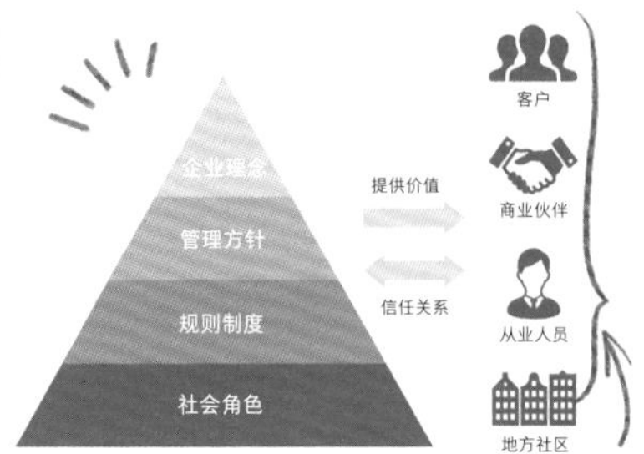

③ 图标更加
新颖艺术

B.R.I股份(有限)公司
力争成为唯一领头公司

B.R.I.股份(有限)公司对于企业社会责任的基本态度是不仅要追求利润，也要在遵守社会规范的前提下开展业务为社会做出贡献。我们会重视与企业利益相关者之间的沟通交流，以准确地回应满足社会的需求。
我们坚信：只有坚持遵守这些原则，才能作为深受整个社会和客户们信任的公司持续发展。我们将继续根据《企业行为规章》开展公司的业务活动，该文书是为实现我们公司的管理理念，针对公司的领导和员工们而制订的，指导他们遵守该文书并采取一系列行动的行为指南。

社会角色

我们公司的企业理念是通过“真诚、动力和技术能力”提供优质产品，让客户获取信任感、安全感，达到客户的满意度，确保客户满意。

管理方针

为了确保公司能够获取稳定的收益并且实现可持续性发展，我们公司的管理方针是继续努力成为一个不断提高技术能力和服务质量的企业集团，并在此基础上不断拓宽我们公司在日本和海外的业务活动范围和领域。

规则制度

我们将本着合法合规的精神，保持着对于工作的热爱和自豪之情完成工作，并创造可以使员工们专心致志工作的工作环境和工作氛围，让每一位员工和在工作现场的所有其他人员都能在工作中带着强烈的责任感，并将对工作的全部热忱都投入到工作之中。

社会角色

为了我们公司周边的地方社区乃至地球的未来，我们将认真地正视解决每一个社会问题，争取创造一个安心安全的环保社会。我们还将为社会培养社会发展中所需要的人才做出贡献。

更多的编辑力!

不应仅使用图表和文字要素，以使文本更有亲切感为目标，添加能够给人产生印象的照片、图片。

不论使用多少图表和标注强调，只使用文字和图表来突出企业形象的企业宣传报告会给人一种死气沉沉的印象。选择在其中添加形象照和实际活动的照片，则会塑造一个活泼、明朗、充满干劲的企业形象。

名片

为了让人们记住公司的理念和名片所介绍的人的相貌，并对此产生印象，一定要把上述全部内容都编辑进文本之中。

要点！

名片作为公司宣传工具之一，在编辑时最好不要把所有信息塞得太多，用流畅且有独创性的设计给对方留下印象。

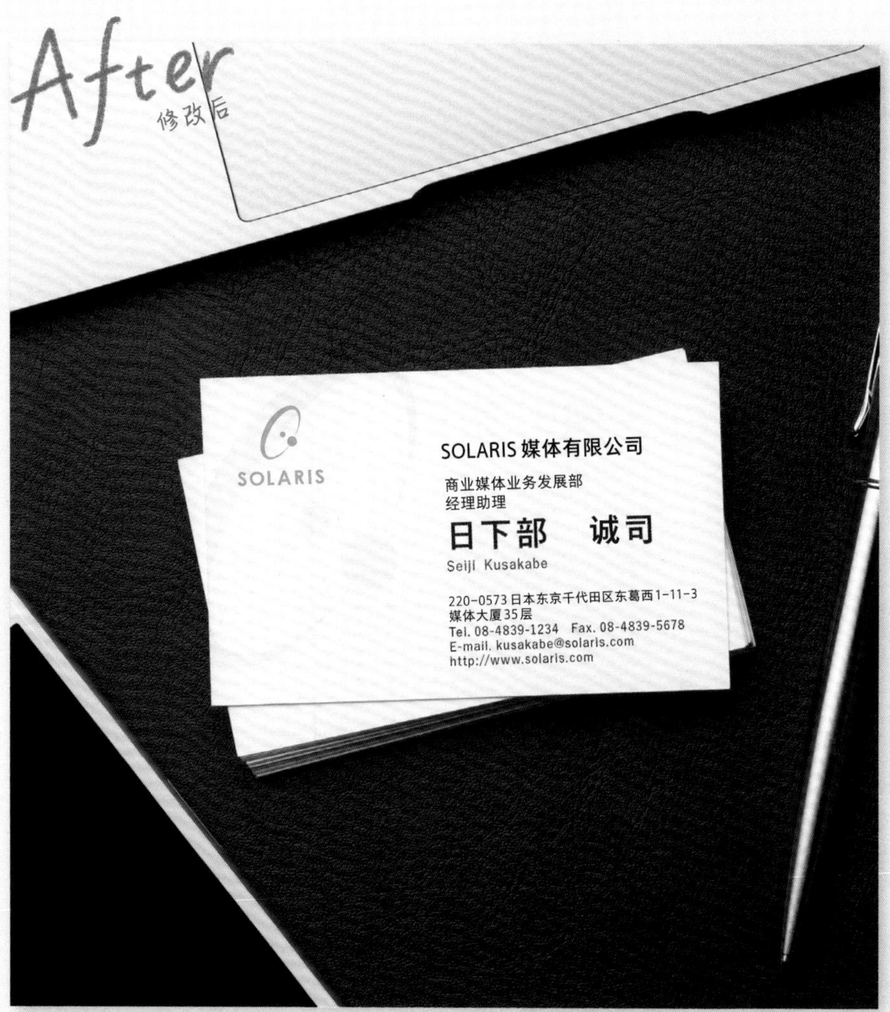

这确实会给人留下很深的印象，但是文本会显得杂乱无章。一定要给人信赖感和安全感，以此为依据进行编辑制作。

Before 修改前

在页面中使用的信息要素过多会显得混乱复杂

编辑要点！

使用可以使读者流畅阅读，指引读者阅读视线的左对齐排版

有讲究的编辑力

① 添加的内容过多会给读者杂乱无章的感觉，一定要取舍信息的优先顺序，突出重点信息，把公司的图标放到左上角会使读者第一眼看到。

② 为了使页面的配色更加简洁生动，最好统一文本中所使用的文字的颜色，这样会使名片看起来更加简洁清晰。

③ 左对齐不仅容易保持版面的平衡，而且更容易凸显诚意。而将名字放置在靠近中央的位置会更方便人们读取，给人以安全感。

After 修改后

使文本看起来简洁整齐，内容清晰明了

① 精简文本的信息要素，会使文本看起来清晰明确

② 尽量使用同一个色系的配色，可以增强文本的清爽感

SOLARIS 媒体有限公司

商业媒体业务发展部
经理助理

日下部　诚司

Seiji Kusakabe

220-0573 日本东京千代田区东葛西1-11-3
媒体大厦35层
Tel. 08-4839-1234　Fax. 08-4839-5678
E-mail. kusakabe@solaris.com
http://www.solaris.com

有讲究的编辑力

③ 使用左对齐的格式更便于读者读取名片信息

更多的编辑力！

左对齐是最简单常见的排版方式，我们来挑战一下其他的排版方式，看看它们各自会产生什么样的效果。

名片的对齐格式多种多样，使用中间对齐的格式很容易破坏整个页面的平衡感，导致文本不利于读取，但是如果在使用中间对齐格式时适当地留白，也会使名片十分出众。使用右对齐的编辑格式则会给人一种独特的感觉，给读者留下独树一帜的印象。

活动新闻稿

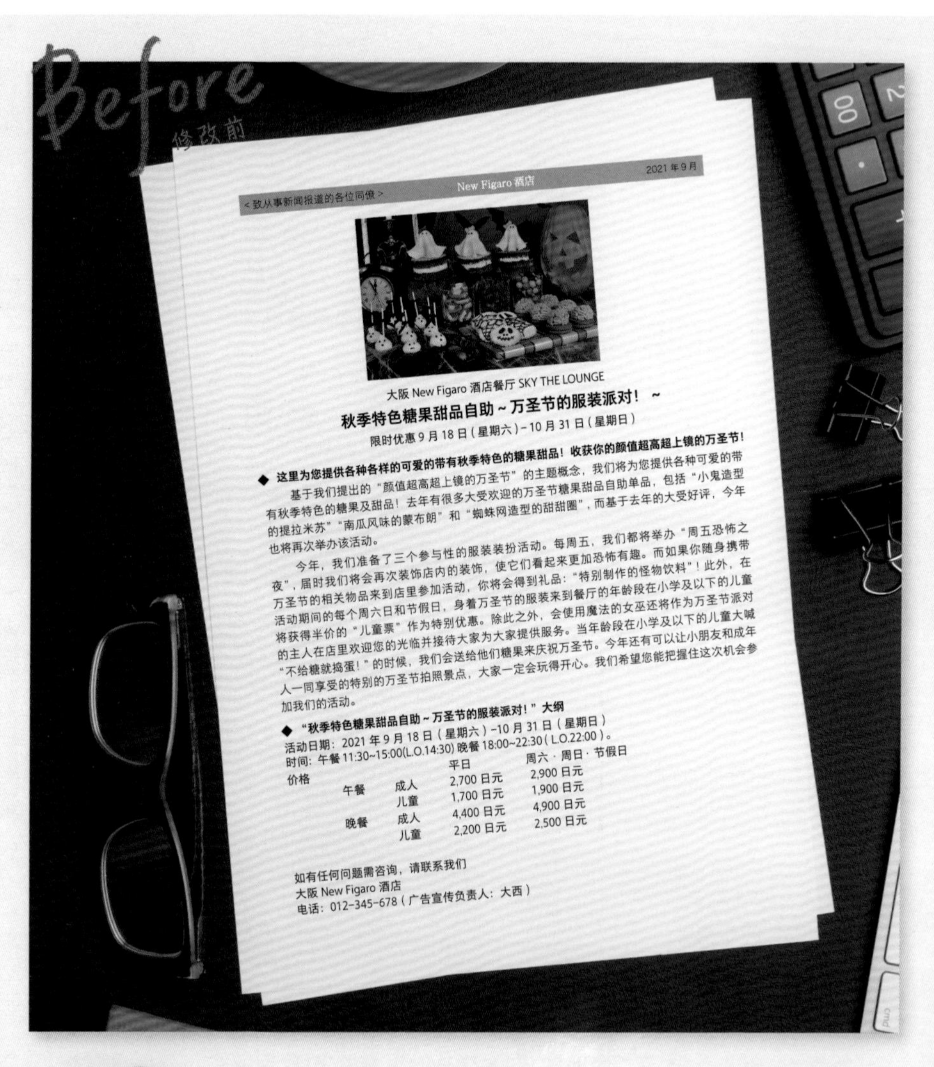

< 致从事新闻报道的各位同僚 >　　New Figaro 酒店　　2021 年 9 月

大阪 New Figaro 酒店餐厅 SKY THE LOUNGE

秋季特色糖果甜品自助 ~ 万圣节的服装派对！ ~

限时优惠 9 月 18 日（星期六）- 10 月 31 日（星期日）

收获你的颜值超高超上镜的万圣节！

◆ **这里为您提供各种各样的可爱的带有秋季特色的糖果甜品！** 我们将为您提供各种可爱的带

基于我们提出的“颜值超高超上镜的万圣节”的主题概念，包括“小鬼造型

有秋季特色的糖果及甜品！去年有很多大受欢迎的万圣节糖果甜品自助单品，今年

的提拉米苏”“南瓜风味的蒙布朗”和“蜘蛛网造型的甜甜圈”，而基于去年的大受好评，

也将再次举办该活动。

今年，我们准备了三个参与性的服装装扮活动。每周五，我们都将举办“周五恐怖之

夜”，届时我们将会再次装饰店内的装饰，使它们看起来更加恐怖有趣。而如果你随身携带

万圣节的相关物品来到店里参加活动，你将会得到礼品：“特别制作的怪物饮料”！此外，在

活动期间的每个周六日和节假日，身着万圣节的服装来到餐厅的年龄段在小学及以下的儿童

将获得半价的“儿童票”作为特别优惠。除此之外，会使用魔法的女巫还将作为万圣节派对

的主人在店里欢迎您的光临并接待大家为大家提供服务。当年龄段在小学及以下的儿童大喊

“不给糖就捣蛋！”的时候，我们会送给他们糖果来庆祝万圣节。今年还有可以让小朋友和成年

人一同享受的特别的万圣节拍照景点，大家一定会玩得开心。我们希望您能把握住这次机会参

加我们的活动。

◆ **“秋季特色糖果甜品自助 ~ 万圣节的服装派对！”大纲**

“秋季特色糖果甜品自助 ~ 万圣节的服装派对！”大纲 活动日期：2021 年 9 月 18 日（星期六）-10 月 31 日（星期日）

时间：午餐 11:30~15:00(L.O.14:30) 晚餐 18:00~22:30（L.O.22:00）。

价格

		平日	周六·周日·节假日
午餐	成人	2,700 日元	2,900 日元
	儿童	1,700 日元	1,900 日元
晚餐	成人	4,400 日元	4,900 日元
	儿童	2,200 日元	2,500 日元

如有任何问题需咨询，请联系我们

大阪 New Figaro 酒店

电话：012-345-678（广告宣传负责人：大西）

将想要传达的内容尽量全部联系在一起进行编辑！希望媒体报道一下！

要点!

为了增强观点的趣味性，激发读者的阅读兴趣，我们在编辑时要注重精简文本，使文本能够发挥在短时间内便吸引读者注意力的效果。

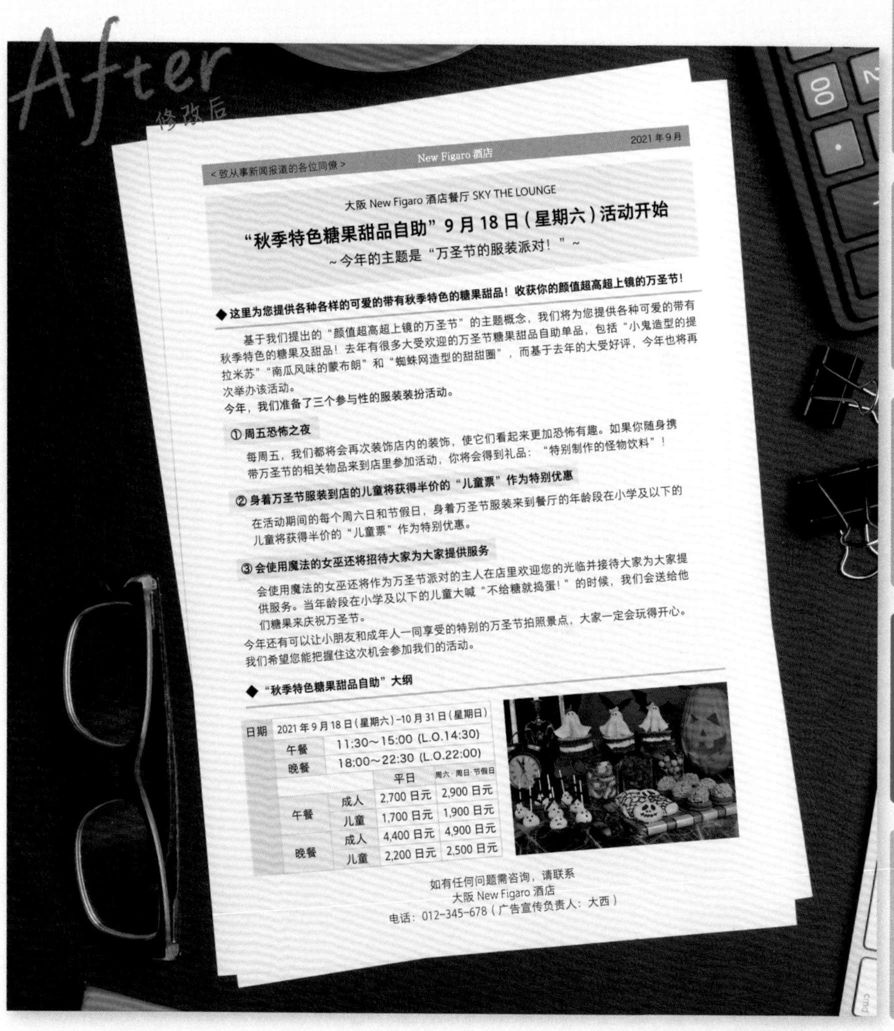

<致从事新闻报道的各位同僚>　New Figaro 酒店　2021 年 9 月

大阪 New Figaro 酒店餐厅 SKY THE LOUNGE

“秋季特色糖果甜品自助”9 月 18 日（星期六）活动开始

~今年的主题是“万圣节的服装派对！”~

◆ 这里为您提供各种各样的可爱的带有秋季特色的糖果甜品！收获你的颜值超高上镜的万圣节！

基于我们提出的“颜值超高超上镜的万圣节”的主题概念，我们将为您提供各种可爱的带有秋季特色的糖果及甜品！去年有很多大受欢迎的万圣节糖果甜品自助单品，包括“小鬼造型的提拉米苏”“南瓜风味的蒙布朗”和“蜘蛛网造型的甜甜圈”，而基于去年的大受好评，今年也将再次举办该活动。

今年，我们准备了三个参与性的服装装扮活动。

① 周五恐怖之夜

每周五，我们都将会再次装饰店内的装饰，使它们看起来更加恐怖有趣。如果你随身携带万圣节的相关物品来到店里参加活动，你将会得到礼品：“特别制作的怪物饮料”！

② 身着万圣节服装到店的儿童将获得半价的“儿童票”作为特别优惠

在活动期间的每个周六日和节假日，身着万圣节服装来到餐厅的年龄段在小学及以下的儿童将获得半价的“儿童票”作为特别优惠。

③ 会使用魔法的女巫还将招待大家为大家提供服务

会使用魔法的女巫还将作为万圣节派对的主人在店里欢迎您的光临并接待大家为大家提供服务。当年龄段在小学及以下的儿童大喊“不给糖就捣蛋！”的时候，我们会送给他们糖果来庆祝万圣节。

今年还有可以让小朋友和成年人一同享受的特别的万圣节拍照景点，大家一定会玩得开心。

我们希望您能把握住这次机会参加我们的活动。

◆ “秋季特色糖果甜品自助”大纲

日期	2021 年 9 月 18 日（星期六）-10 月 31 日（星期日）			
	午餐	11:30～15:00 (L.O.14:30)		
	晚餐	18:00～22:30 (L.O.22:00)		
			平日	周六·周日·节假日
	午餐	成人	2,700 日元	2,900 日元
		儿童	1,700 日元	1,900 日元
	晚餐	成人	4,400 日元	4,900 日元
		儿童	2,200 日元	2,500 日元

如有任何问题需咨询，请联系

大阪 New Figaro 酒店

电话：012-345-678（广告宣传负责人：大西）

对于繁忙的读者来说，文书如果不能够一瞬间抓住人的眼球，那么这些文书就会被扔进垃圾桶里。

标准文书　公司内部宣传　公司内部演示资料　公司对外宣传　促进销售　公司对外演示资料

Before 修改前

文案不能太过琐碎，否则会使读者在阅读时十分费力

< 致从事新闻报道的各位同僚 > New Figaro 酒店 2021 年 9 月

① 标题不够醒目

大阪 New Figaro 酒店餐厅 SKY THE LOUNGE

秋季特色糖果甜品自助～万圣节的服装派对！～

限时优惠 9 月 18 日（星期六）-10 月 31 日（星期日）

◆这里为您提供各种各样的可爱的带有秋季特色的糖果甜品！收获你的颜值超高超上镜的万圣节！

基于我们提出的“颜值超高超上镜的万圣节”的主题概念，我们将为您提供各种可爱的带有秋季特色的糖果及甜品！去年有很多大受欢迎的万圣节糖果甜品自助单品，包括“小鬼造型的提拉米苏”“南瓜风味的蒙布朗”和“蜘蛛网造型的甜甜圈”，而基于去年的大受好评，今年也将再次举办该活动。

今年，我们准备了三个参与性的服装装扮活动。每周五，我们都将举办“周五恐怖之夜”，届时我们将会再次装饰店内的装饰，使它们看起来更加恐怖有趣。而如果你随身携带万圣节的相关物品来到店里参加活动，你将会得到礼品：“特别制作的怪物饮料”！此外，在活动期间的每个周六日和节假日，身着万圣节的服装来到餐厅的年龄段在小学及以下的儿童将获得半价的“儿童票”作为特别优惠。除此之外，会使用魔法的女巫还将作为万圣节派对的主人在店里欢迎您的光临并接待大家为大家提供服务。当年龄段在小学及以下的儿童大喊“不给糖就捣蛋！”的时候，我们会送给他们糖果来庆祝万圣节。今年还有可以让小朋友和成年人一同享受的特别的万圣节拍照景点，大家一定会玩得开心。我们希望您能把握住这次机会参加我们的活动。

② 文章过长，使读者失去阅读下去的耐心

◆“秋季特色糖果甜品自助～万圣节的服装派对！”大纲

活动日期：2021 年 9 月 18 日（星期六）-10 月 31 日（星期日）

时间：午餐 11:30~15:00(L.O.14:30) 晚餐 18:00~22:30（L.O.22:00）。

价格

		平日	周六 · 周日 · 节假日
午餐	成人	2,700 日元	2,900 日元
	儿童	1,700 日元	1,900 日元
晚餐	成人	4,400 日元	4,900 日元
	儿童	2,200 日元	2,500 日元

如有任何问题需咨询，请联系我们

大阪 New Figaro 酒店

电话：012-345-678（广告宣传负责人：大西）

③ 时间和价格的总结列举过于琐碎，不够简洁明了

编辑要点！

文本应该简明易懂，使读者阅读时消耗太多时间的文本不可取

出色的编辑力

① 编辑新闻稿时最重要的一点就是要突出标题。标题要摆在醒目的位置，让繁忙的读者一眼就读取关键信息，要明确信息的优先顺序。

② 避免给繁忙的新读者发送长篇大论，否则无法保证人们高效地阅读。在编辑时要标出小标题，使人们快速读取要点。

③ 避免将概要全部列举出来。为了不给对方造成混乱，请注意制作成表格，让对方看起来更容易理解。

After 修改后

简明的文本，使信息一目了然

<致从事新闻报道的各位同僚> New Figaro 酒店 2021年9月

大阪 New Figaro 酒店餐厅 SKY THE LOUNGE

“秋季特色糖果甜品自助”9月18日（星期六）活动开始

~今年的主题是“万圣节的服装派对！”~

◆ **这里为您提供各种各样的可爱的带有秋季特色的糖果甜品！收获你的颜值超高超上镜的万圣节！**

基于我们提出的“颜值超高超上镜的万圣节”的主题概念，我们将为您提供各种可爱的带有秋季特色的糖果及甜品！去年有很多大受欢迎的万圣节糖果甜品自助单品，包括“小鬼造型的提拉米苏”“南瓜风味的蒙布朗”和“蜘蛛网造型的甜甜圈”，而基于去年的大受好评，今年也将再次举办该活动。

今年，我们准备了三个参与性的服装装扮活动。

① 周五恐怖之夜

每周五，我们都将会再次装饰店内的装饰，使它们看起来更加恐怖有趣。如果你随身携带万圣节的相关物品来到店里参加活动，你将会得到礼品：“特别制作的怪物饮料”！

② 身着万圣节服装到店的儿童将获得半价的“儿童票”作为特别优惠

在活动期间的每个周六日和节假日，身着万圣节服装来到餐厅的年龄段在小学及以下的儿童将获得半价的“儿童票”作为特别优惠。

③ 会使用魔法的女巫还将招待大家为大家提供服务

会使用魔法的女巫还将作为万圣节派对的主人在店里欢迎您的光临并接待大家为大家提供服务。当年龄段在小学及以下的儿童大喊“不给糖就捣蛋！”的时候，我们会送给他们糖果来庆祝万圣节。

今年还有可以让小朋友和成年人一同享受的特别的万圣节拍照景点，大家一定会玩得开心。我们希望您能把握住这次机会参加我们的活动。

◆ **“秋季特色糖果甜品自助”大纲**

日期	2021年9月18日（星期六）-10月31日（星期日）			
时间	午餐	11:30～15:00 (L.O.14:30)		
	晚餐	18:00～22:30 (L.O.22:00)		
价格			平日	周六·周日·节假日
	午餐	成人	2,700日元	2,900日元
		儿童	1,700日元	1,900日元
	晚餐	成人	4,400日元	4,900日元
		儿童	2,200日元	2,500日元

如有任何问题需咨询，请联系
大阪 New Figaro 酒店
电话：012-345-678（广告宣传负责人：大西）

① 活动在什么时间开始，活动内容有什么，这些信息可以一目了然地读取到

② 活动名称和文书内容都显得更加清晰简洁

③ 省略不必要的内容，有整理信息的意识，使文本可以一目了然

更多的编辑力！

为了使工作繁忙的读者快速读取到文本信息的要点，应尽量避免使用专业术语和多余的表达。

因为读者并不是专业人士，所以要尽量减少在文本中使用专业术语，应使用谁都懂的表达方式。除此之外，为了使文本更加富有魅力，激发读者的阅读兴趣而重复同样的内容，使用很多夸张的形容词，这种编辑手法会使文本丢失本来的含义，这不利于人们读取和理解文本。

第4章 06

公司对外宣传

利用社交媒体打造品牌

选择使用水稻和小猫的图片会让读者有耳目一新、非常可爱的感觉，我们再在此基础上进行加工吧！

要点!

重视社交媒体并打造企业品牌，以企业官方网站为例，公司的粉丝数量上涨了很多。

在编辑时，应保证页面的整体性，最好让人们能从页面中感受到种植优质大米的环境，选用能够突显这些特点的风景照和生活照会更好。

Before 修改前

页面没有整体性，没有突出地域优势

编辑要点！

文本整体风格没有统一，优劣的原材料是决胜的关键

① 不论文本之中的某一张插图拍摄得有多好看，如果文本整体的色彩和插图风格不统一，就会使文本丧失整体性，无法突出地域的优势和特点。

② 反复使用同一张图片可能会给读者造成不时常更新，不重视宣传的错觉。因而即使是进行相同的宣传，也应使用不同的手法和呈现方式。

＼最重要的是编辑力！／

③ 即便在文本中使用了很精致的图片，但如果丢失了整体性，依然会使文本读取变得不顺畅。最好使用风格统一又充满人情味的图片。

After 修改后

加入本土居民的理解，突显当地独特魅力

更多的编辑力！

了解不同的社交媒体的特点，区分选择可以达成公司宣传目的的社交媒体进行编辑宣传。

不同的社交媒体有不同的特点：微博的扩散度高，宣传范围广；小红书的用户数量多，拥有标签话题和地图等便利的功能，因而更加流行；人人网则采用实名登录认证，用户的信赖度高，更利于发布活动公告；微信则可以替代邮箱杂志发挥一定的作用。我们应该根据不同的社交软件的特点和功能、公司宣传的目的，在此基础上选择使用合适的社交媒体进行编辑和宣传。

图片的使用方法

通过添加与文本内容相匹配的图片，可以使全是文字的文本看起来更有吸引力，在视觉上引导人们读取并理解文本。然而，如果在编辑时添加了与文本并不匹配的图片，不仅不能传达出文本本要传达的信息，反而会给读者造成理解障碍，产生负担。因此，我们将在下面介绍如何有效地使用图片。

从如何添加编辑图片中学习编辑方法！

如果要为客户写一份文书，在文本中添加很多图片，会使文本看起来诚意满满。

在编辑时有效地使用图片很重要，特别是在制作面向公司外部的幻灯片时。如果使用“很多的图片”，那么文书占用的容量是否会过大，文书是否会不符合要求？

嗯……我尝试用电子邮件发送，因为文书容量太大了。这样应该没问题吧？

这样不行，这样会给读者造成阅读困难，我们在平时制作文书时要站在读者的立场上考虑，这样才能制作出更好的文书。

在文本中加入图片确实有利于展示并突显企业形象，传达一些文字无法传达的必要信息，但我们要做的不应该仅是插入图片这样简单。在编辑时，时刻注重思考“我们为什么要插入图片”“插入图片有什么作用”以及“我们想要通过插入图片表达什么内容”，还要在这个过程中不断磨炼我们的编辑技巧。

编辑要点！

- 节省时间 ……………………… 即便只使用一张图片，也可以展现文本的魅力
- 减轻读者负担 ……………………… 尽量缩短人们读取和理解文本内容的时间
- 易于理解 ……………………………… 对文本的叠加图层和透明度进行调整
- 传达重点 …………………………………………………………… 裁剪改良图片等

❶ 裁切改良图片

如果将纵长、横长、正方形等尺寸不同的图片直接排列的话，会给人一种杂乱无章的印象。在这种情况下，最好裁切改良一下图片。裁切是指只提取出图片中最重要的部分。同时，我们要注意对齐裁切出的图片和文字的位置，这样一来会使整个文本更容易阅读理解。

Before 修改前

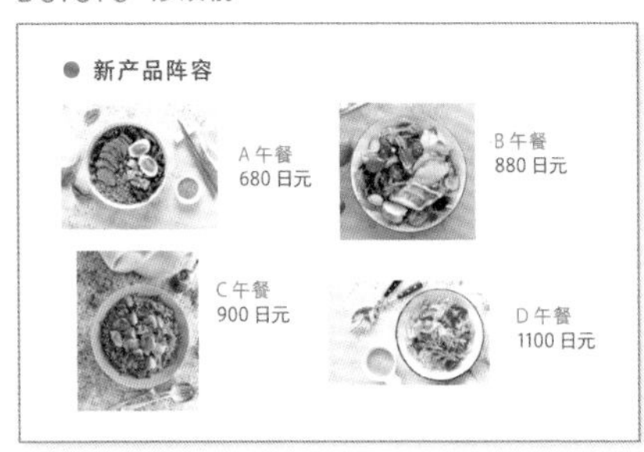

After 修改后

Before 修改前

After 修改后

在处理编辑图片时，要注意，如果想要展示突出整个图片的氛围，那么如左图所示是没有任何问题的，但是如果想要只突出图片的某一部分，那么应该将图片放大并裁剪出所需要的部分。裁掉多余的部分，会使读者一眼就读取到文本想要传达的内容，更利于读者对文本的快速理解。

Before 修改前

After 修改后

使用与背景色相同颜色的图形叠加在原有图片上方

对于很难通过将图片裁剪成矩形就能够得到需要部分的特殊情况，我们可以选择裁剪一个和背景色颜色相同的图形叠加在原有图片上方。

② 图片的纵横比例

在放大或缩小图片时，要注意不要改变“图片的纵横比例”。为了符合空间大小而强行拉伸图片的大小并不是一个好主意。特别是一定要注意避免出现拉伸图片大小导致文本中客户的公司标志或产品照片产生变形的情况，这是非常不礼貌的行为。要选择最合适的大小和横纵比例来修剪图片和进行布局，以保证图片呈现出最佳状态。

Before 修改前

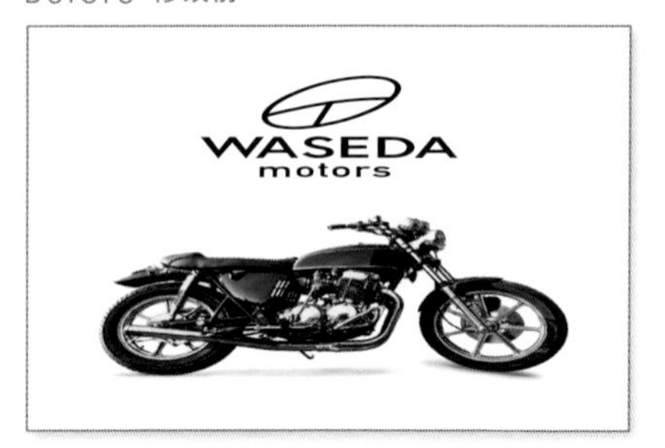

After 修改后

③ 整体统一感

要保证在同一页面中使用的图片具有统一的风格和感觉。如下图所示，如果想要通过文本呈现出对比的形式和效果，就将照片和插画结合起来编辑使用，反而会使文本产生违和感，会对信息的读取造成干扰。选择在文本中统一使用照片或是插画，即全部使用照片或全部使用插画的形式，则会使文本更具有整体统一性，更利于直截了当地传达文本信息。

Before 修改前

如果插入的多张图片的风格感觉有所不同，那么会令文本的整体风格不统一，还会使文本产生不必要的违和感。

After 修改后

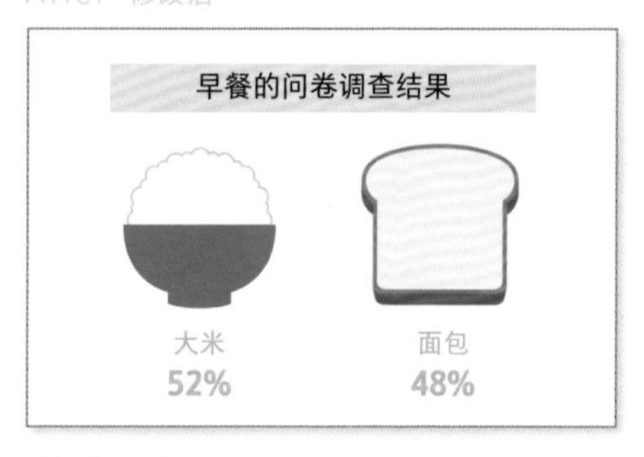

选择在文本中使用统一风格的图片，则更利于直截了当地传达文本信息。

④ 叠加半透明图层

叠加图层是一种把半透明的图层叠加在某个文本元素上面，使文本更加生动有趣的编辑技巧。这种技巧不仅可以在很大程度上有效节省有限的文本空间，也可以突出文本的重点，使文本更加生动有趣，激发读者产生无限的想象。使用20%~30%透明度的图层会使叠加的文本更容易阅读，不增加眼睛的阅读负担。

Before 修改前

可以清晰地读取文本的标题，但是使用的图片太小，没有发挥图片视觉上的效果。

After 修改后

整个页面都填满了图片，可以感受到文本中图片所传达的氛围，文本中的标题也非常清楚明确。

更多的编辑力！

灵活使用叠加图层的具体示例

Before 修改前

2021年
城市发展规划

After 修改后

使用填满整个页面的图片，在图片上方叠加半透明的黑色和白色文字。这种编辑方法不仅会使文本更加生动，更具有动感，还可以凸显文本的气势，给读者留下深刻的印象。

Before 修改前

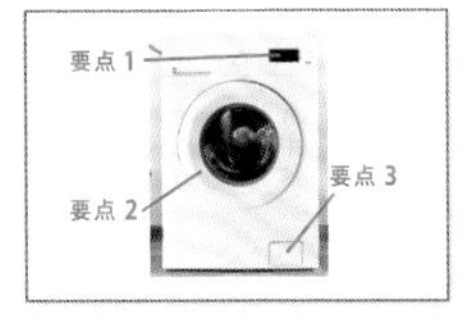

After 修改后

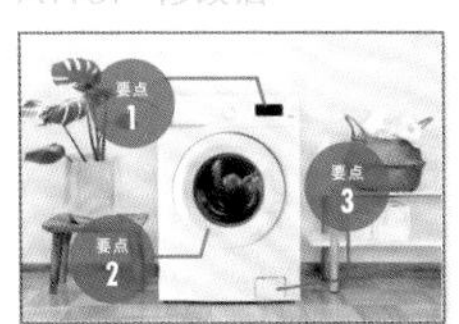

不论是在纸面还是在图片之中，都可以有效地使用半透明图层的图形，并搭配指引线一起来对文本中的表格和图片进行补充说明。

第5章

促进销售

01 研讨会邀请函

02 产品的店内海报宣传

03 报价表

04 客户调查问卷

05 建设成果记录表

06 三折式宣传单

促进销售的目的

开展促进销售的活动目的是激发消费者们购买产品的消费欲望和激发更多的消费者享受服务，这一系列活动能够有效建立消费者与产品二者间的联系，鼓励消费者们不断消费。

而在互联网盛行的今天，信息传递迅速，消费者们每天都可以获取到大量的信息，因而对于消费者来说，他们会有更多的选择。因此，仅仅依靠服务的魅力来促进消费是不够的，我们要知道，最重要的是要让消费者们通过文书立刻得知产品和服务的优势以及他们可以获得的好处。最近，视频促销的宣传方式也非常流行，通过这种宣传方式，消费者们不再是从纸张这种平面的宣传方式去了解产品，而是可以立体地从多个角度了解产品。

第5章 01

促进销售

研讨会邀请函

整理信息，使用粉色进行编辑更显可爱，果然，使用鲜艳的色彩会使整个页面更加醒目。

要点！

制作企业与企业之间面向顾客的研讨会邀请函的目的，是让顾客参加企业推出的相应的活动，吸引和招揽顾客以带给公司利润。

After 修改后

顾客并不会因为你用了可爱的粉色而来参加活动。没有明确的优惠信息，顾客是不会特地掏钱来的。

Before 修改前

没有触及顾客的商业优势

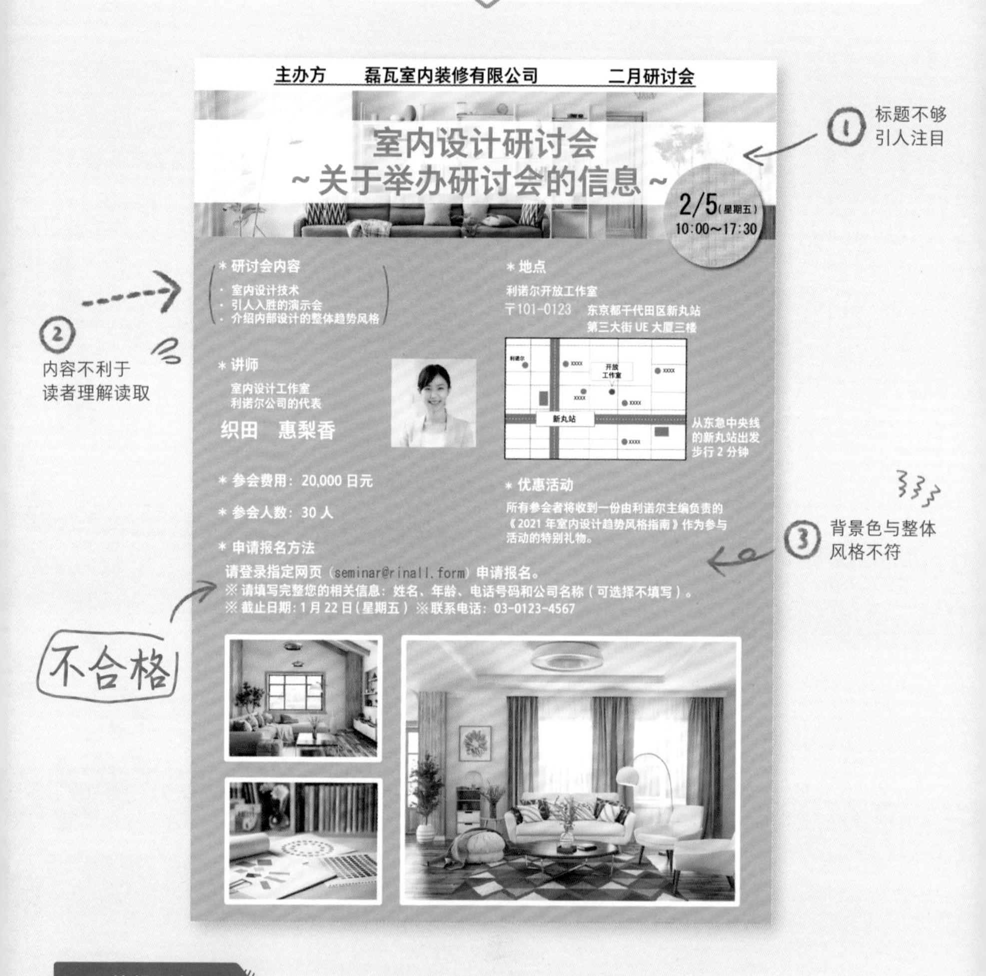

编辑要点！

选择能够明确地展现顾客利益和好处的设计版式

最重要的是编辑力！

① 使用引人注目的标题和引言会激发读者的阅读兴趣。在文本中具体列举出顾客能够通过参加活动而得到的东西，引导读者的阅读视线。

② 该研讨会邀请函可以向读者详细介绍参与活动的好处，以此鼓励顾客参与活动。在文本中突出活动的特别优惠也会有效地促进顾客参加活动。

③ 使用主色调来突出重点是不会有错的。在插入数张图片时，不要挤在一起，放大部分图片也是很好的方法。

After 修改后

让顾客意识到商业优势

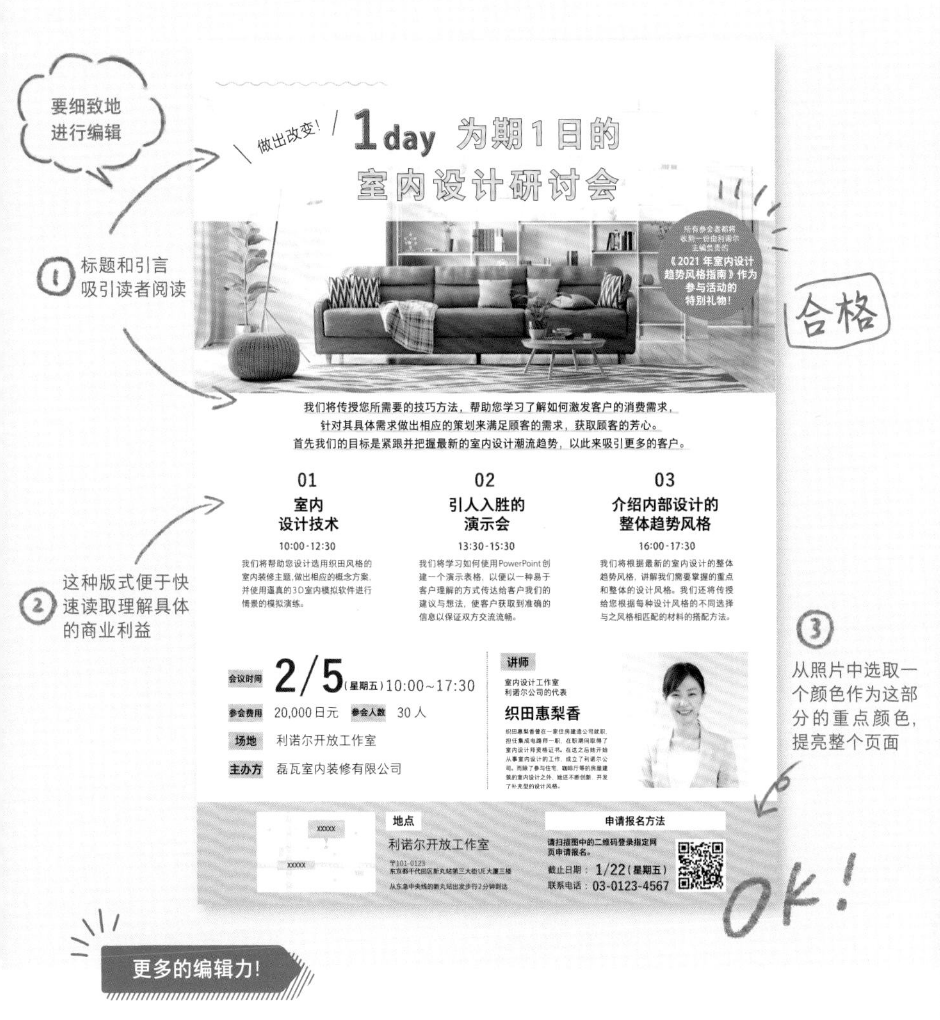

申请报名的方法要明确简洁!
要注意避免使读者对于申请报名的方法产生困惑。

为了增加参与研讨会和活动的人数，一定要选择最简单的报名方法。建议大家使用二维码来进行报名。可以灵活运用网络中免费生成二维码的服务。减轻填报的负担、简化手续可以增加参会人数。

第5章 02

促进销售

产品的店内海报宣传

产品醒目，给人一种冲击感，吸引人们的关注！

要点！

海报宣传的作用就是全面展现产品的魅力和特色，为顾客的购买提供依据与信息支持。

如果宣传海报不能将产品定位明确给目标客户，那么无论怎么大力宣传，人们在看到海报时都不会产生“我必须要买”这种购买的冲动。

Before 修改前

文本无法较好地传达产品的魅力

① 在此处插入产品名字有些碍眼

② 产品图片过大

③ 选择的颜色和字体及整体风格印象不符

编辑要点！

用目标客户满意的宣传语和图片进行宣传

＼最重要的是编辑力！／

① 相较于产品的名称，选择插入引人注目的标语来突出产品的优势特点进行宣传会更好。要尽量创作出更能激发顾客购物欲的、引人注目的标语。

② 海报的作用是激发顾客的购买欲，所以设计上最重要的是让目标客户获得最有用的信息，从而产生购买欲望。

③ 不论是通过具体的数字列举还是图表列举一定要尽可能全面地在文本中展现出产品的特点。使用与整体风格不相符的颜色和字体则会使文本看起来不合理。

After 修改后

更好地展现了商品的魅力和特点

更多的编辑力!

思考符合目标客户的需求要点并选择合适的方法将它们表现在文本中。

只是写明产品的特点优势是无法捕获目标顾客的芳心的。首先拆解文本：①产品的特点；②产品的效果；③产品的功效。要针对不同的性别和年龄选择与之相对应的标语进行宣传。比如，针对男性目标客户，就突出产品的功能特性和使用效果；而针对女性目标客户，就注重产品的使用感以及产品的外观。

第5章 促进销售

03 报价表

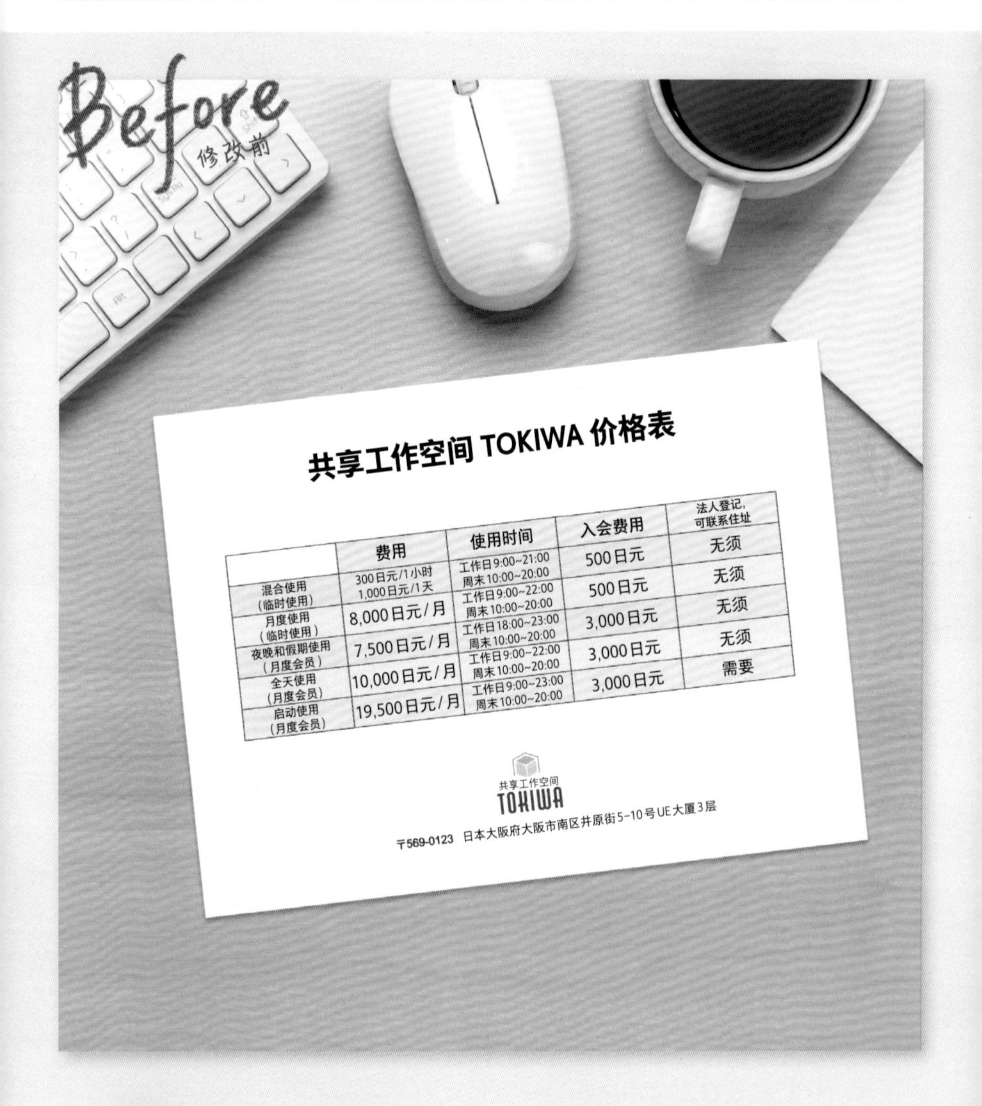

共享工作空间 TOKIWA 价格表

	费用	使用时间	入会费用	法人登记，可联系住址
混合使用（临时使用）	300日元/1小时 1,000日元/1天	工作日9:00~21:00 周末10:00~20:00	500日元	无须
月度使用（临时使用）	8,000日元/月	工作日9:00~22:00 周末10:00~20:00	500日元	无须
夜晚和假期使用（月度会员）	7,500日元/月	工作日18:00~23:00 周末10:00~20:00	3,000日元	无须
全天使用（月度会员）	10,000日元/月	工作日9:00~22:00 周末10:00~20:00	3,000日元	无须
启动使用（月度会员）	19,500日元/月	工作日9:00~23:00 周末10:00~20:00	3,000日元	需要

共享工作空间
TOKIWA

〒569-0123 日本大阪府大阪市南区井原街5-10号UE大厦3层

用表格总结不同使用类型所需要的费用，行与行之间交叉使用两种颜色，便于客户读取表格信息。

要点!

在制作表格时，不能只展现不同使用类型的内容和价格，而是让客户在阅读时就立刻知道“符合自己要求的计划”是哪个，并且明确自己的最终花费是多少。

共享工作空间 TOKIWA

共享工作空间 TOKIWA 价格表

		临时使用		月度会员		
		混合使用（针对不定时多次使用和单日使用的情况）	月度使用（针对短时间内的集中使用情况）	夜晚和假期使用（针对工作外的时间和周末的使用情况）	全天使用（针对不限时间的全天使用情况）	启动使用（针对创业和自由从业者的使用情况）
费用		**300**日元/1小时 **1,000**日元/1天	**8,000**日元/月	**7,500**日元/月	**10,000**日元/月	**19,500**日元/月
使用时间	工作日	9:00～21:00	9:00～22:00	18:00～23:00	9:00～22:00	9:00～23:00
	周末			10:00～20:00		
入会费用		500日元		3000日元		
登记（可联系地址，邮寄地址）		×	×	×	×	○

〒569-0123 日本大阪府大阪市南区井原街5-10号UE大厦3层

文本内容如果不容易被理解，那么反而会流失许多重要的客户，所以最好使用这种纵向的，能够比较清晰地展现出对比的版式。

Before 修改前

此表格仅输入了信息，却没有用心编辑

共享工作空间 TOKIWA 价格表

① 将使用类型编辑成竖列，将信息要素编辑成横列，不利于比较

	费用	使用时间	入会费用	法人登记，可联系住址
混合使用（临时使用）	300日元/1小时 1,000日元/1天	工作日9:00~21:00 周末10:00~20:00	500日元	无须
月度使用（临时使用）	8,000日元/月	工作日9:00~22:00 周末10:00~20:00	500日元	无须
夜晚和假期使用（月度会员）	7,500日元/月	工作日18:00~23:00 周末10:00~20:00	3,000日元	无须
全天使用（月度会员）	10,000日元/月	工作日9:00~22:00 周末10:00~20:00	3,000日元	无须
启动使用（月度会员）	19,500日元/月	工作日9:00~23:00 周末10:00~20:00	3,000日元	需要

③ 每行都过窄，不利于客户读取表格内容

〒569-0123 日本大阪府大阪市南区井原街5-10号UE大厦3层

② 选取的背景颜色不适宜，导致读者难以读取表格信息

编辑要点！

使用能够轻易比较的类型，展现不同价格和内容的纵向版型表格

＼最重要的是编辑力！／

① 与纵向排列相比，横向排列数据制作表格会更容易对比。制作表格要意识到你在比较什么内容。

② 背景色选择使用不当容易导致文字信息读取困难。所以用颜色来区分不同类别文字一定要便于读者直观理解。

③ 行距小，字体粗大的话，会使表格太挤不便于获得信息。适当地调整行高值，在文字的左右上下都留取适宜的留白则会更简洁。

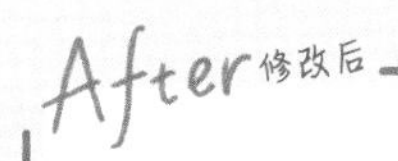

更易比较价格和套餐内容

更强大的编辑力！

① 横向设置使用类型，更容易对其进行比较

② 对于每一个使用类型都分开使用了不同的颜色，更便于客户区分它们，读取信息

共享工作空间 TOKIWA

共享工作空间 TOKIWA 价格表

		临时使用		月度会员		
		混合使用（针对不定时多次使用和单日使用的情况）	月度使用（针对短时间内的集中使用情况）	夜晚和假期使用（针对工作外的时间和周末的使用情况）	全天使用（针对不限时间的全天使用情况）	启动使用（针对创业和自由从业者的使用情况）
费用		300日元/1小时 1,000日元/1天	8,000日元/月	7,500日元/月	10,000日元/月	19,500日元/月
使用时间	工作日	9:00 ~ 21:00	9:00 ~ 22:00	18:00 ~ 23:00	9:00 ~ 22:00	9:00 ~ 23:00
	周末	10:00 ~ 20:00				
入会费用		500日元		3000日元		
登记（可联系地址，邮寄地址）		×	×	×	×	○

〒569-0123 日本大阪府大阪市南区井原街5-10号UE大厦3层

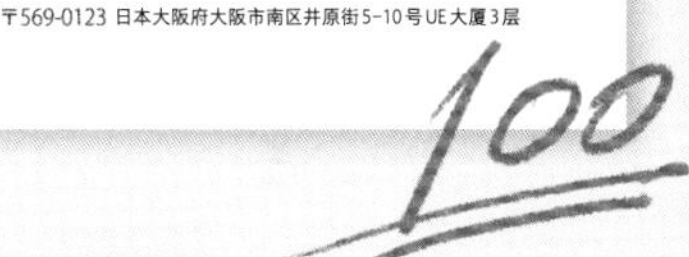

③ 行高值适宜，便于读取文字信息

更多的编辑力！

\ 推荐！ /

Regular
2,300 日元/月
9:00~22:00
○

补充说明每一种使用类型的受众群体，便于客户选择最适合自己的类型。

只列举出使用类型的价格和内容，会使有的客户无法明确自己应该选择哪一种类型。简单地说明使用类型的内容则会让客户更容易挑选适合自己的类型。在文本中标注了“推荐给第一次来的人”“拿不定主意就买这个”等标语，可以更有效地突出推荐的使用类型。

第5章 04

促进销售

客户调查问卷

客户调查问卷

非常感谢您信任我们，与我们签订合同。百忙之中多有打扰，请您帮忙填写以下调查问卷，以便我们今后不断改进我们的服务，提高我们的服务质量。

姓名(可选择不填)		性别		年龄	

(1)请选择您当前的社会身份。

1.学生（升学中） 2.学生（上学中） 3.独自居住的社会人员 4.新婚人员 5.已组建家庭 6.其他

(2)请您分享给我们您选择我们公司的原因和机遇。

(3)您这次决定签合同的决定性因素是什么？

(4)当您在寻找房源时以及工作人员引领您参观房屋时，接待您的工作人员的服务质量如何？请您分享您评价的依据。

1.非常好 2.好 3.一般 4.较差 5.差

(5)您选择哈尼瓦不动产公司的房屋的决定性原因是什么？

(6)您对哈尼瓦不动产公司的总体满意度如何？

1.非常满意 2.满意 3.一般 4.不大满意 5.不满意

(7)如果您对哈尼瓦不动产公司有任何其他意见和想法，请分享给我们。

非常感谢您的配合与理解！

请您注意，您提供的上述信息可能会公布在我们的网站上。

这是我制作的客户调查问卷。在整个页面的文本上都添加了外部的边框，使文本更具有设计性。

要点!

不可以“单单做一个客户调查问卷”。要思考制作调查问卷的目的，在灵活利用问卷的基础上明确调查问卷的流程以及在问卷中提出的问题。

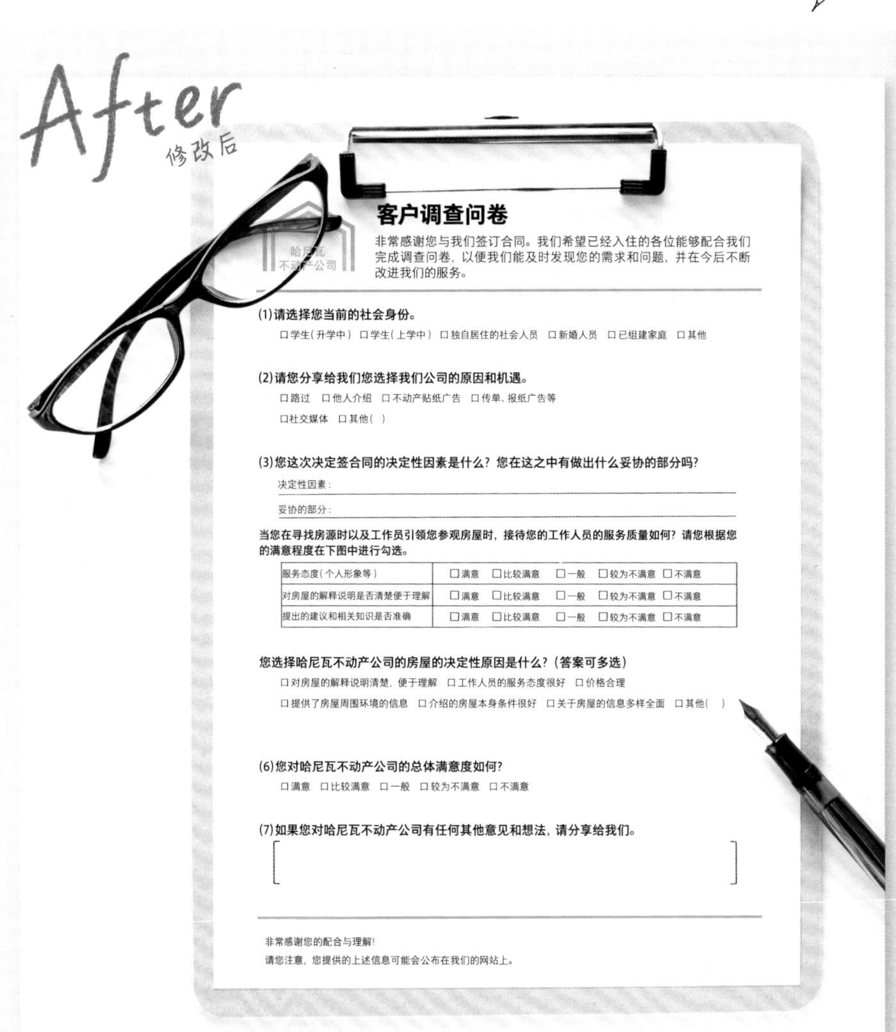

客户调查问卷

非常感谢您与我们签订合同。我们希望已经入住的各位能够配合我们完成调查问卷，以便我们能及时发现您的需求和问题，并在今后不断改进我们的服务。

(1)请选择您当前的社会身份。

□学生（升学中） □学生（上学中） □独自居住的社会人员 □新婚人员 □已组建家庭 □其他

(2)请您分享给我们您选择我们公司的原因和机遇。

□路过 □他人介绍 □不动产贴纸广告 □传单、报纸广告等

□社交媒体 □其他（ ）

(3)您这次决定签合同的决定性因素是什么？您在这之中有做出什么妥协的部分吗？

决定性因素：

妥协的部分：

当您在寻找房源时以及工作员引领您参观房屋时，接待您的工作人员的服务质量如何？请您根据您的满意程度在下图中进行勾选。

服务态度（个人形象等）	□满意 □比较满意 □一般 □较为不满意 □不满意
对房屋的解释说明是否清楚便于理解	□满意 □比较满意 □一般 □较为不满意 □不满意
提出的建议和相关知识是否准确	□满意 □比较满意 □一般 □较为不满意 □不满意

您选择哈尼瓦不动产公司的房屋的决定性原因是什么？（答案可多选）

□对房屋的解释说明清楚，便于理解 □工作人员的服务态度很好 □价格合理

□提供了房屋周围环境的信息 □介绍的房屋本身条件很好 □关于房屋的信息多样全面 □其他（ ）

(6)您对哈尼瓦不动产公司的总体满意度如何？

□满意 □比较满意 □一般 □较为不满意 □不满意

(7)如果您对哈尼瓦不动产公司有任何其他意见和想法，请分享给我们。

[ ]

非常感谢您的配合与理解！

请您注意，您提供的上述信息可能会公布在我们的网站上。

看得出来作者很用心地调整了页面的版面设计，但是也要注重思考选择更为合适的调查问卷的内容。

Before 修改前

调查问卷中的问题太浅显，无法获得重要信息

哈尼瓦
不动产公司

客户调查问卷

非常感谢您信任我们，与我们签订合同。百忙之中多有打扰，请您帮忙填写以下调查问卷，以便我们今后不断改进我们的服务，提高我们的服务质量。

姓名(可选择不填)		性别		年龄	

(1)请选择您当前的社会身份。

1.学生（升学中） 2.学生（上学中） 3.独自居住的社会人员 4.新婚人员 5.已组建家庭 6.其他

(2)请您分享给我们您选择我们公司的原因和机遇。

(3)您这次决定签合同的决定性因素是什么？

(4)当您在寻找房源时以及工作人员引领您参观房屋时，接待您的工作人员的服务质量如何？请您分享您评价的依据。

1.非常好 2.好 3.一般 4.较差 5.差

(5)您选择哈尼瓦不动产公司的房屋的决定性原因是什么？

(6)您对哈尼瓦不动产公司的总体满意度如何？

1.非常满意 2.满意 3.一般 4.不大满意 5.不满意

(7)如果您对哈尼瓦不动产公司有任何其他意见和想法，请分享给我们。

非常感谢您的配合与理解！

请您注意，您提供的上述信息可能会公布在我们的网站上。

① 如果设置涉及顾客个人信息的问题，客户们基本上是不会填写的

② 设置的问题没有往更深的部分挖掘

③ 全部需要顾客自主填写记录，没有调查问卷的提问一回答的感觉

编辑要点！

注重进行调查问卷的目的，并以此为依据设置问题

① 调查问卷所设置的问题最好不要涉及客户的个人信息，设置一些具有一定导向性的问题就足够了。另外，调查问卷中设置的问题应该从目的入手。

② 如果在调查问卷中设置的问题过于浅显，那么我们得到的回答就会出现偏差。我们应该设置那些更有深度且更能挖掘客户心理的问题。

＼最重要的是编辑力！／

③ 调查问卷中回答的部分全部设置成自由填写的形式会给客户增添过大的心理负担。给客户尽量提供带选项的形式会更好。

After 修改后

制作有目的性的调查问卷

客户调查问卷

哈尼瓦不动产公司

非常感谢您与我们签订合同。我们希望已经入住的各位能够配合我们完成调查问卷，以便我们能及时发现您的需求和问题，并在今后不断改进我们的服务。

(1)请选择您当前的社会身份。

□学生（升学中） □学生（上学中） □独自居住的社会人员 □新婚人员 □已组建家庭 □其他

(2)请您分享给我们您选择我们公司的原因和机遇。

□路过 □他人介绍 □不动产贴纸广告 □传单、报纸广告等

□社交媒体 □其他（ ）

(3)您这次决定签合同的决定性因素是什么？您在这之中有做出什么妥协的部分吗？

决定性因素：

妥协的部分：

当您在寻找房源时以及工作员引领您参观房屋时，接待您的工作人员的服务质量如何？请您根据您的满意程度在下图中进行勾选。

服务态度（个人形象等）	□满意 □比较满意 □一般 □较为不满意 □不满意
对房屋的解释说明是否清楚便于理解	□满意 □比较满意 □一般 □较为不满意 □不满意
提出的建议和相关知识是否准确	□满意 □比较满意 □一般 □较为不满意 □不满意

您选择哈尼瓦不动产公司的房屋的决定性原因是什么？（答案可多选）

□对房屋的解释说明清楚，便于理解 □工作人员的服务态度很好 □价格合理

□提供了房屋周围环境的信息 □介绍的房屋本身条件很好 □关于房屋的信息多样全面 □其他（ ）

(6)您对哈尼瓦不动产公司的总体满意度如何？

□满意 □比较满意 □一般 □较为不满意 □不满意

(7)如果您对哈尼瓦不动产公司有任何其他意见和想法，请分享给我们。

[ ]

非常感谢您的配合与理解！

请您注意，您提供的上述信息可能会公布在我们的网站上。

① 在导入部分详细说明制作调查问卷的目的，避免涉及个人信息

② 明确指出想要听取哪些方面的意见

更强大的编辑力！

③ 采用给出客户选项的形式来提问，便于客户回答

更多的编辑力！

其他 15%
社交媒体 8%
他人介绍 42%
传单广告 35%

针对收集到的调查问卷的结果统计来设置调查问卷的问题。

如果不能灵活使用调查问卷，发挥其作用，那么就没有进行问卷调查的必要。我们要知道"通过调查问卷想要获取什么信息""你想改善什么"。我们要根据这些内容去设置便于我们统计的问题和选项。比如，想要进行如左图所示信息的收集统计，在设置调查问卷的问题时采取由客户自主填写的形式会使我们的统计非常难以进行。

第5章

05

促进销售

建设成果记录表

照片是很重要的部分，因此在编辑文本时要一张一张详细地进行说明。

要点!

对于建设成果记录表这类视觉感强的宣传文书，相较于较长的文字说明，选用图片会更加简捷有效。

当你尝试灵活使用你的照片时，可以适当地调整照片的大小和位置，这样会使整个页面的感觉发生翻天覆地的变化。

Before 修改前

整体风格略显粗糙杂乱

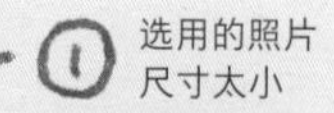

不合格

■施工详情1

B.R.I.股份(有限)公司办公大楼

建筑风格主要为砖块风格的外墙与金属材料的框架相结合，营造了温暖而现代的印象。作为设计重点的大窗台采光极好，使整个办公室开放明亮。

施工大纲	建筑面积780.33平方米
施工现场　大阪市，大阪府	总楼面面积1209.40平方米
施工大纲	结构和规模 RC，地上3层

施工大纲

选用自然材料和金属材料结合起来的设计，与外部形象相匹配。地板选用由石头制成的人字形图案，给人以别致的印象。

茶水间

为了满足明亮的风格要求，在设计这个房间时注重保证大量的外部光线的射入。选用绿色和橙色作为整体的印象颜色。

接待处

以木头的温暖为主基调突出石头这一设计重点，在周围设置LED导光板进行照明。

会议室

会议室的设计主要使用了枫木和瓷砖作为材料，这个房间也有一个大窗户，可以折射进大量光线，采光好，整体风格明亮。

② 使用的颜色过多，没有整体性

③ 文字太多，留白太少

编辑要点!

选择使用既有照片又有合理留白的简洁版面设计

＼最重要的是编辑力！／

① 将照片进行裁剪处理之后，文本中的建筑物会显得更加灵动，读者也更能感受到建筑空间的广阔程度，但一定要注意不要裁剪掉重要的部分。

② 此案例给人感觉色彩太多。不要使用多余的颜色，只使用黑色和白色进行设计即可。使用简洁的风格反而会使整体效果更清爽。

③ 为了突出照片，尽量减少文字说明，使文本更加简洁明了。留出更多的白色反而更衬托出照片，使整体风格更时尚。

After 修改后

使文本看起来简洁干练生动形象

① 裁剪照片使文本看上去更生动灵活

要细致地进行编辑

合格

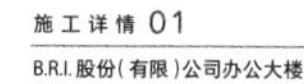

施工详情 01

B.R.I.股份（有限）公司办公大楼

施工现场	大阪市，大阪府
建筑用途	办公大楼
竣工时间	2020年1月
施工大纲	RC， 地上3层 建筑面积780.33平方米 总楼面面积1209.40平方米

建筑风格主要为砖块风格的外墙与金属材料的框架相结合，营造了温暖而现代的印象。作为设计重点的大窗台采光极好，使整个办公室开放明亮。

② 只使用黑色一种颜色进行编辑

③ 减少文字内容，增加留白的部分

更多的编辑力！

Before 修改前

After 修改后

为了让版面更加干练，排版的形式很关键，好的版面会让页面看起来大不一样。

在编辑文本时，将照片和文字等要素都整齐地进行排版会给读者一个好的印象。只要掌握了我介绍的这些诀窍就能轻松地做出优质的版式设计。这些设计版式不仅适用于对外宣传，也适用于公司内部宣传，发挥其作为一种公司运营手段的作用。

第5章
06

促进销售

三折宣传单

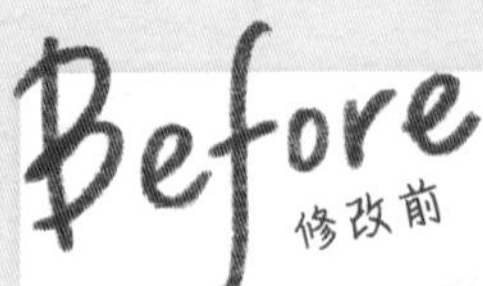

想要制作出充满亲切感的、令人安心的版面设计确实很难，果然制作者还要多多费心思。

要点！

宣传单作为一种宣传工具不仅要便于获取，还要代表整个店铺的形象。为了吸引顾客，不仅要给到重要信息，还要展现整个店铺的形象。

稍等，稍等。你看，只要改变使用的颜色和插入的照片，就会使文本看起来更加明亮清新。

Before 修改前

此文本显得有些刻板生硬

① 在这里插入了一张与文本没有任何关系的外国人的照片，显得文本非常奇怪

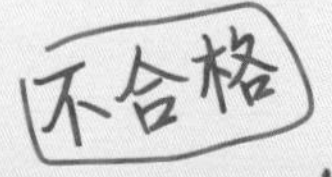

② 使用略显轻浮的字体，无法使读者对文本产生信赖

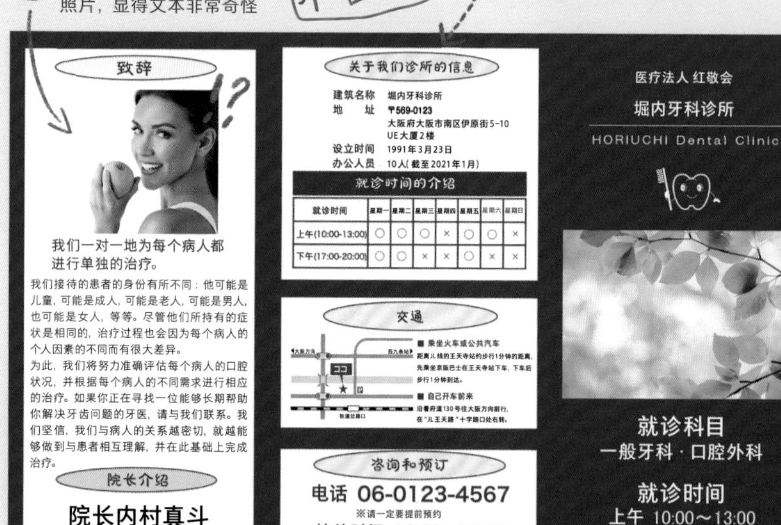

③ 这里使用的颜色太深，给人一种压抑的感觉

编辑要点！

可以用照片、图形、色彩和字体来表现柔和的风格

出色的编辑力

① 文本无法展现出现场的氛围和人员，就会增加患者莫名的不安感。加入设施设备和工作人员的照片则会增加患者的安全感。

② 这种感觉较为轻松的流行字体与医疗类的内容不匹配。使用这种椭圆形的对话框会使文本看起来更为柔和。

③ 在做医疗和社会福利领域的设计时，选择明亮的颜色。使用绿色系中偏明亮的绿色，会使整个页面更具亲切感。

After 修改后

选择使用更为明亮且更加具有亲切感的设计风格

① 患者可以获知将要去的场所是什么样的

致辞

我们一对一地为每个病人都进行单独的治疗。

我们接待的患者的身份有所不同：他可能是儿童，可能是成人，可能是老人，可能是男人，也可能是女人，等等。尽管他们所持有的症状是相同的，治疗过程也会因为每个病人的个人因素的不同而有很大差异。

为此，我们将努力准确评估每个病人的口腔状况，并根据每个病人的不同需求进行相应的治疗。如果你正在寻找一位能够长期帮助你解决牙齿问题的牙医，请与我们联系。我们坚信，我们与病人的关系越密切，就越能够做到与患者相互理解，并在此基础上完成治疗。

关于我们诊所的信息

建筑名称　堀内牙科诊所
地　　址　〒569-0123 大阪府大阪市南区伊原街5-10 UE大厦2楼
设立时间　1991年3月23日
办公人员　10人（截至2021年1月）

就诊时间的介绍

就诊时间	星期一	星期二	星期三	星期四	星期五	星期六	星期日
上午(10:00-13:00)	○	○	○	×	○	○	×
下午(17:00-20:00)	○	○	×	×	○	×	×

交通

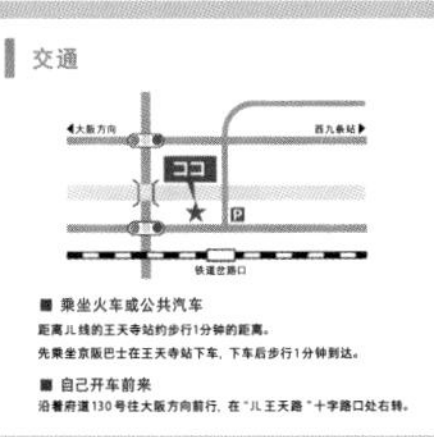

■ 乘坐火车或公共汽车
距离儿线的王天寺站约步行1分钟的距离。
先乘坐京阪巴士在王天寺站下车，下车后步行1分钟到达。
■ 自己开车前来
沿着府道130号往大阪方向前行，在"儿王天路"十字路口处右转。

咨询和预订

※请一定要提前预约
电话 06-0123-4567
接待时间 10:00～19:00

医疗法人 红敬会
堀内牙科诊所
HORIUCHI Dental Clinic
就诊科目
一般牙科 · 口腔外科
就诊时间
上午 10:00～13:00
下午 17:00～20:00
定期休息日
每周星期四 · 星期日

② 字体风格更为柔和，小标题突出醒目，指引读者继续阅读文本

③ 使用的新颜色更加明亮，也更加具有亲切感

更多的编辑力！

不可小觑圆角四边形的作用！要注意圆角的不同形式。

①

②

③

圆角四边形给人一种柔和感。在使用圆角四边形时，要注意以下三点：①四边形角的弯曲弧度太大会显得幼稚；②同时使用多个圆角四边形时要保持一致性；③尽量不要使用歪曲变形的圆角四边形。

如何为文书配色

不论是制作幻灯片还是海报，颜色这一要素都是至关重要的一部分。我们在编辑文本时，不需要拥有特别时尚的配色品位，也不需要掌握复杂的专业知识。我们只需要正确理解不同的颜色所具有的不同作用及其专属的风格印象，并在此基础上时刻遵守配色的基本原则，就可以轻而易举地制作出更生动更能传达信息的文书。

从配色技巧中学习编辑方法！

我们公司的代表颜色是红色，所以我想以红色为主色调制作文书。你觉得这样可行吗？

很好。你已经有了对于颜色的敏感度，也已经有意识地进行配色。顺便问一下，你想制作的文书是关于什么内容的？

我想制作销售业绩的报告书！最近我们公司营业额上涨，所以我想制作具有影响力的文书！

嗯……如果你想制作的文书内容是展现营业额上涨的话，那么在这里使用红色有些不合适……你要时刻注意，改变文书中所使用的颜色就会使整个文书的风格发生改变，所以一定要小心谨慎地进行配色编辑。

在制作文书时，颜色的选择是至关重要的一个环节。即便是相同内容的文书，使用不同的颜色也会使文书的整个风格和感觉发生改变。如果你掌握了给文书配色的技巧，那么你就能够通过对于颜色的把控来引导读者的情绪和情感，使之发生改变。

编辑要点！

- 节省时间 ……………… 确定基础颜色
- 减轻读者负担 ……………… 把握配色的饱和度、透明度以及无障碍颜色的使用
- 易于理解 ……………… 掌握不同颜色所持有的不同风格与形象
- 传达重点 ……………… 掌握色彩的数量、配色的色彩比例等

1 色彩的数量

在制作文书和幻灯片时，通常情况下，选择使用3或4种颜色进行配色，其中包含文字的颜色。使用的颜色过多会使文本看起来杂乱无章，不利于读者读取文本中的信息。在确定了文本的基础颜色之后，尽量控制使用的颜色数量在合理范围内，会使文本更易于人们理解。

Before 修改前

如何给文本配色

尽量控制使用的颜色的数量

- 使用的颜色的数量控制在3或4
- 避免使用不必要的颜色
- 注重文本的整体性，使文本便于读者阅读理解

使用过多的颜色会迷惑读者，使读者不知道作者想要传达的本意，读者会产生厌烦情绪，无法继续阅读。

After 修改后

如何给文本配色

尽量控制使用的颜色的数量

- 使用的颜色的数量控制在3或4
- 避免使用不必要的颜色
- 注重文本的整体性，使文本便于读者阅读理解

文本整洁清新，读者可以快速地获取文本中的重要信息。

2 文本的色彩比例

一般情况下，文本最为平衡的色彩比例：基础色70%；主色调25%；强调色5%。基础色主要包括背景颜色和文字颜色（基础搭配是白色背景搭配黑色文字），在确定基础色后就可以确定文本的主色调了。强调色是主色调的补充色（对抗色），一般情况下，建议使用红色的强调色，因为红色可以有效地吸引并引导读者的阅读视线。

○背景色 ●文字的颜色 ●主色调 ●强调色

一目了然！

便于读者理解读取的文本

如何为文本配色

设计部 藤原和也

如何为文本配色

控制在文本中使用的颜色的数量

对于整个文本的配色最好使用3或4个颜色。无论使用的颜色有多么美丽，如果使用的颜色过多，会使整个页面显得繁杂，容易使读者产生厌烦的情绪。在配色时一定要注意避免使用不必要的颜色，要保证文本的整体性和可读性。

文本的色彩比例

在确定好文本的基础颜色、主色调和强调色之后，将它们合理地搭配着使用在幻灯片的全部文本之中，制作出具有整体性且易于读者理解读取的文书。

③ 色彩对比度

在制作商业文书时，最重要的是有引人注目的标题。人们被有趣的标题吸引了注意力之后，才会想要继续阅读正文的内容。在文字底下添加背景色时要注意：如果两种颜色不匹配会使文字无法看清，所以我们要有意识地在配色时注意两种颜色的对比度，尽量使文字更为醒目，便于读取。

Before 修改前

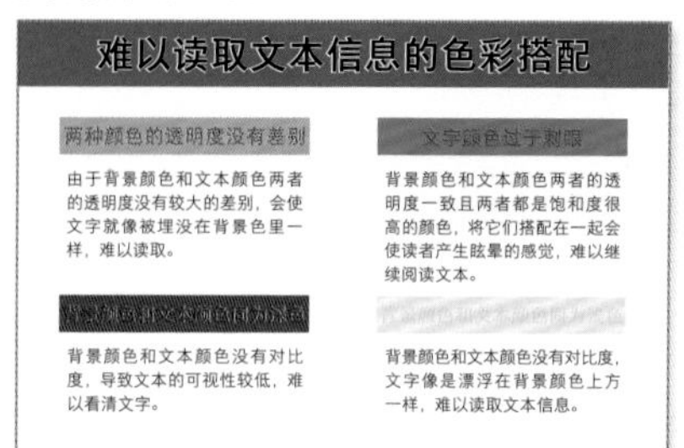

文字都被埋没在背景颜色之中，文本可视性较低。

After 修改后

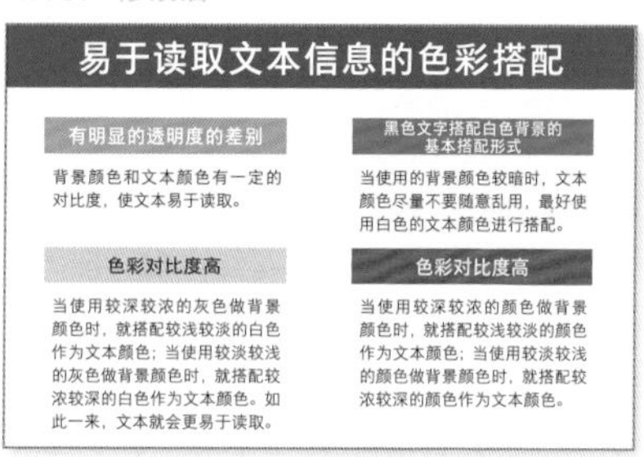

文本较为醒目，一看到文本就会立刻被文字吸引视线进而继续阅读，文本的可视性较高。

④ 不同颜色所具有的风格形象

不同的颜色具有不同的风格形象。比如红色就具有“热情”“充满活力”这样的风格形象，同时也具有“禁止”“危险”这类较为负面的风格形象。我们在掌握了不同颜色的不同风格形象之后进行配色就会使文本更加生动，进而更好地传达信息，更益于读者对于文本的理解。我们也可以通过调整配色来营造和改变文本的整体风格形象。

Before 修改前

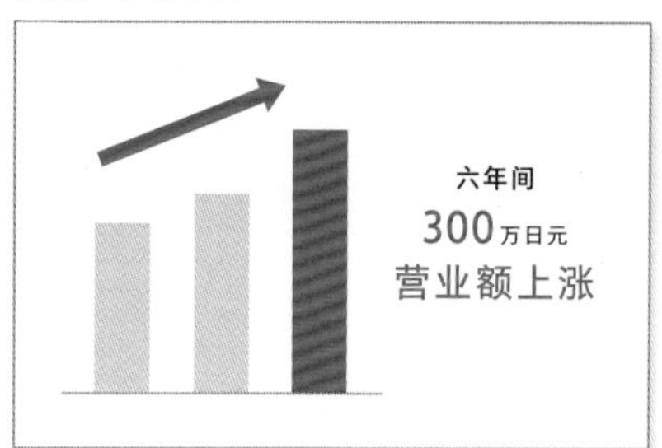

说起红色，人们通常会想到财政赤字，因而在此处使用红色来突显营业额的上涨有些不妥，会使文本产生违和感。

After 修改后

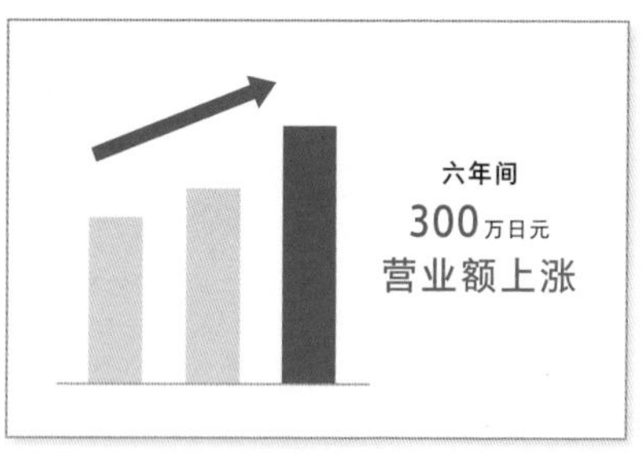

蓝色通常具有“良好”“顺利”的风格形象，所以在商务场合，要想展示并传达积极的形象，就会使用蓝色。

5 色调

我们不应该为了使文本醒目而轻易地使用透明度和饱和度都很高的颜色。特别是在制作需要放映的幻灯片时，如果文本使用的颜色过于鲜艳，那么会使读者感到刺眼，造成视觉疲劳。我们可以使用较为朴素的颜色来编辑制作，这样不仅可以让眼睛休息一下，也可以制作出可靠易读的文书。如果背景颜色是白色，那么我们可以不使用纯黑色的文字颜色，而使用深灰色的文字颜色，这样不会使两种颜色的对比度过高，不会给阅读带来负担。

色彩饱和度：色彩的鲜艳程度

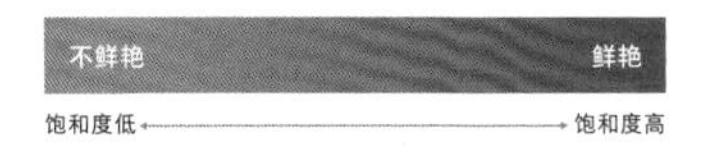

色彩饱和度指色彩的鲜艳程度。色彩饱和度越高，颜色就越鲜艳（颜色越纯粹）；色彩饱和度越低，颜色就越朴素。

色彩透明度：色彩的明亮程度

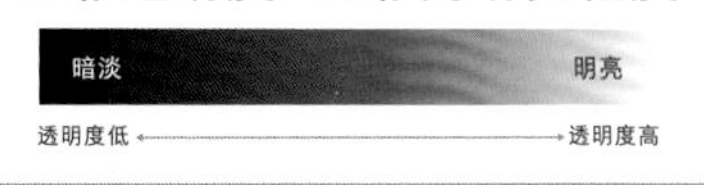

色彩透明度指色彩的明亮程度。色彩透明度越高，颜色就越明亮；色彩透明度越低，颜色就越暗淡。

Before 修改前

色彩透明度和色彩饱和度过高的颜色

色彩透明度和色彩饱和度过高的颜色容易造成视觉疲劳，这些颜色不仅很难搭配在一起，而且不是特别美观。

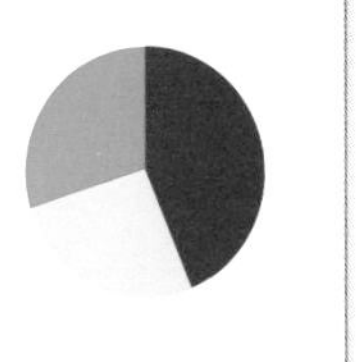

使用这些色彩透明度和色彩饱和度过高的颜色会令人印象深刻。

After 修改后

色彩透明度和色彩饱和度较低的颜色

这种颜色色调较暗，使用这些色调较暗的颜色制作资料会使文本显得更加柔和可靠。

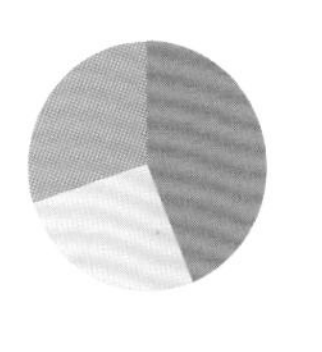

使用这种色彩透明度和色彩饱和度较低的颜色会使文本看起来更有品位。

更多的编辑力！

针对那些不是很擅长配色的人们，我在这里推荐几种配色给大家。大家可以根据不同的工作种类和文本内容选择合适的配色组合。这样一来，我们一定可以制作出更加生动且更能传递信息的文书。

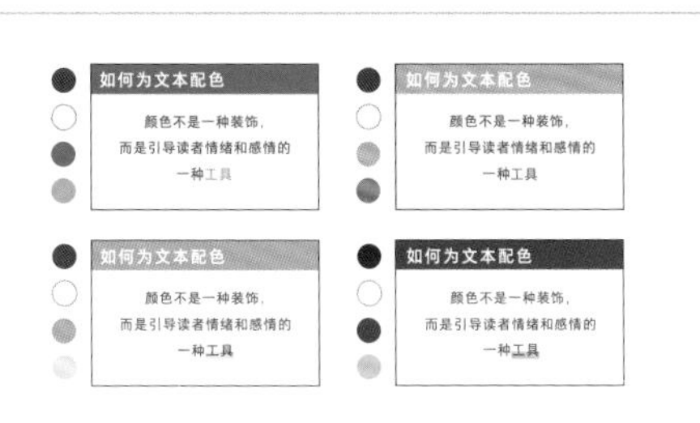

第6章

公司对外演示资料

01 商品促销方案

02 公司业务/服务介绍幻灯片

03 产品方案幻灯片封面

04 不同使用场景下的要点对比资料

05 新产品功能说明

06 应用程序使用率对比表

07 与其他公司竞品的对比资料

公司对外演示资料的目的

对外演示与对内演示的最大区别是对外演示的对象并不是内部员工。即使你很诚恳地对他们说“这个产品真的非常好，您一定要购买来试试看”，对方也只会怀疑你是否真的关心客户需求。在这种缺乏信任感的前提下，他们甚至会想“卖家真的把我们当回事吗”。为了让对方明白你的感同身受，进一步同意你的观点，你需要抓住对方的情绪并让他们兴奋起来。为了达到这一目的，你不仅需要让客户“阅读”你的材料，更要在内容准备上多使用视觉效果和数字对比，充分调动客户的情绪。下面就让我们一起来学习制作演示材料时的编辑技巧吧!

第6章
01

公司对外演示资料
商品促销方案

新旧包装并列展示，并配有文字解说，展开详细说明！

要点!

为了项目的成功，要充分调动全员气氛。
要让客户也不由自主地觉得“这个方案好像能行……”

能让客户充分想象到促销活动开展时的美好前景，为此感到蠢蠢欲动。

Before修改前

展现方式缺乏感染力

① 宋体让整体印象过于死板

② 生硬的序言

mornin 产品升级促销方案

针对本次 mornin 产品升级提出以下促销方案。

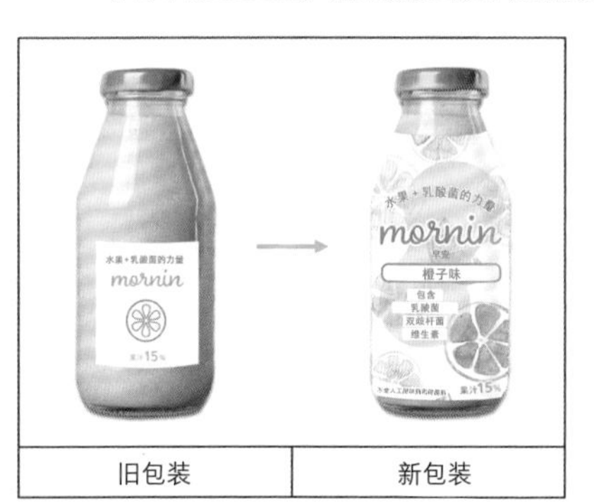

旧包装	新包装

将宣传标语定为“乳酸菌，在每一个清晨和您的肠道说早安”，强调产品有利于身体健康，便于吸收的特点。

此外，分条列举升级后的产品优势，如更加有利于身体健康、儿童也可以安心饮用等。

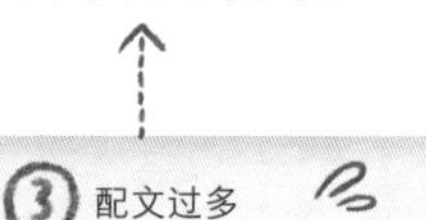

③ 配文过多

编辑要点!

不仅要使用语言，更要用视觉效果引发想象

① 宋体比较正式，而且不容易辨认。对于宣传而言，最好使用更易辨认的黑体。

② 僵硬的序言无法使客户兴奋。可以省略不必要的文字，应保持文本简洁清爽，并在口头上详细解释。

＼最重要的是编辑力!／

③ 缺乏图片时很难引发想象，仅仅依靠文字无法激起共鸣。要学会通过视觉效果的展示，紧紧抓住客户的心。

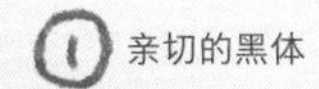

更有感染力的形象

① 亲切的黑体

② 省略多余文字，构造清晰

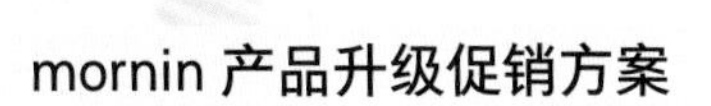

重点强调有益身体健康

❶ 不含人工甜味剂和防腐剂
❷ 含有乳酸菌 + 双歧杆菌 + 维生素
❸ 每瓶只有 65 卡路里

③ 使用视觉展示抓住客户的心

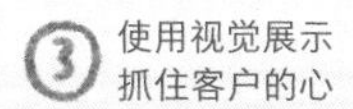

更强大的编辑力！

更多的编辑力！

对外演示时最重要的是调动客户的情感，让他们产生共鸣。

对外演示资料不仅要有逻辑结构，而且还必须能调动客户的情感。如果你的演示资料中充满了文字，客户的注意力就会自然地转移到阅读上，从而听不进演示。所以要在这里使用图片，调动客户的情绪并让他们产生共鸣。

第6章 02

公司对外演示资料

公司业务 / 服务介绍幻灯片

■公司业务 / 服务介绍

在软件开发、IT 服务等领域，
为客户永久提供最优质的系统解决方案。

软件开发

在创建系统和开发应用领域提供优质服务。

IT 服务

我们一年 365 天，每天 24 小时安全运行和管理您的系统。

网页设计

充分运用系统开发，将设计感与功能性相结合，提供 Web 网站的创新设计。

硬件支持

运用富有成效的技术知识和能力，根据客户需求定制，提供革新性硬件解决方案。

详细归纳了业务内容，最开始就让客户了解你。

要点!

给新客户介绍公司业务就像是与陌生人打招呼。让人直观地明白你是谁就可以，没有必要一开始就了解你的业务细节。

在最开始，简单地告诉客户“四项重点业务”。将详细介绍放在后面。

Before 修改前

大段文字使人难以把握整体印象

① 字体大小缺乏对比，让人丧失阅读兴趣

② 列举了四项业务，但除了这些什么也没表现出来

■ 公司业务 / 服务介绍

在软件开发、IT 服务等领域，
为客户永久提供最优质的系统解决方案。

软件开发

在创建系统和开发应用领域提供优质服务。

IT 服务

我们一年 365 天，每天 24 小时安全运行和管理您的系统。

网页设计

充分运用系统开发，将设计感与功能性相结合，提供 Web 网站的创新设计。

硬件支持

运用富有成效的技术知识和能力，根据客户需求定制，提供革新性硬件解决方案。

不合格

③ 画面太满，不方便阅读

编辑要点！

积极思考能否用图片替代文字

① 对公司业务的介绍就像是自我介绍。重点不仅在于内容，还在于外观。要确保整体布局并能让人产生阅读兴趣。

＼最重要的是编辑力！／

② 对外展示的幻灯片关键在于清晰易懂且令人印象深刻。在制作时，要时常问自己：“这个部分能不能用插图表示？”

③ 文字大小几乎相同而且没有留白，这让人弄不清要从哪里开始阅读，会给人带来很大的阅读压力。要使用留白和强弱对比来引导阅读视线。

After 修改后

插入图片强调整体印象

② 通过图片强调"四项重点业务"。

① 字体大小对比，重点展现标题

公司业务 / 服务介绍

在软件开发、IT 服务等领域，
为客户永久提供最优质的系统解决方案。

软件开发

在创建系统和开发应用领域提供优质服务。

IT 服务

我们一年 365 天，每天 24 小时安全运行和管理您的系统。

网页设计

充分运用系统开发，将设计感与功能性相结合，提供 Web 网站的创新设计。

硬件支持

运用富有成效的技术知识和能力，根据客户需求定制，提供革新性硬件解决方案。

③ 大量留白，让视线集中在画面中央

更多的编辑力!

PowerPoint 自带许多图形
要多加使用，制作出简洁明了的材料

你如果觉得这一步比较困难，那么一开始可以尝试用圆圈和方块，这样就能很轻易地画出这种示意图。或者也可以在 PowerPoint 和 Excel 中使用智能图形来创建简单的组织图、循环图和矩阵图。一定要试试看哟!

第6章 03

公司对外演示资料

产品方案幻灯片封面

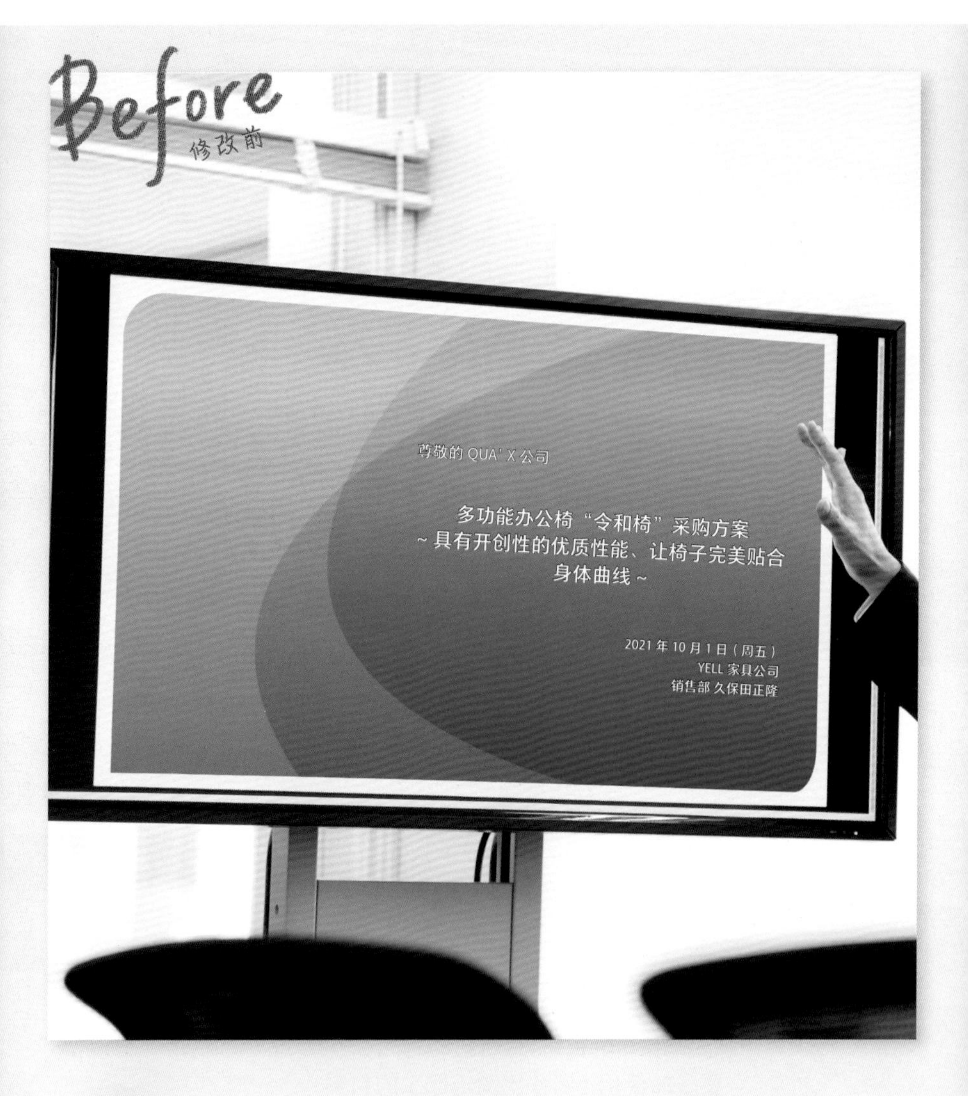

使用PowerPoint设计模板，时尚美观。

要点!

幻灯片的封面不应该是一份冗长的文稿，迫使听众去阅读，而应该使用直观的标题和视觉展示。

通过封面抓住客户的好奇心！让他们进一步倾听。

Before 修改前

过长的标题显得生硬死板

编辑要点！

把阅读性封面改为展示性封面

最重要的是编辑力！

① 幻灯片封面是给客户的第一印象。如果字体太小，那么会显得气势不足。适当地放大文字并加粗字体，会让版面显得张弛有度。

② 过长的标题只会让人抗拒。尝试着简明扼要地标明内容并使用大字体突出文字。

③ 不应使用与内容无关的设计模板。可以使用照片让内容更加直观，这样做还能吸引客户的注意力。

After 修改后

具有冲击感，吸引人的封面

① 文字错落有致，方便阅读

③ 使用照片，让客户对演示内容产生印象

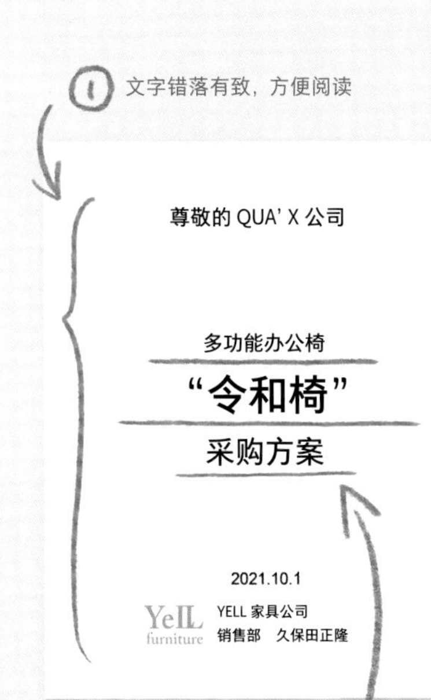

② 标题一目了然

要细致地进行编辑

更多的编辑力！

对外幻灯片的封面需要具有冲击力。要学会用优秀的照片引发客户的好奇心。

使用与内容相匹配的照片能进一步增强演示的效果。听众可以通过形象的照片来直观地了解。你可以将标题覆盖在整版的照片之上，或者单独抠出商品进行合理排版，以增加封面的视觉效果。

第6章
04

公司对外演示资料

不同使用场景下的要点对比资料

列举了多种对比情况！
为了方便想象还特地使用了插图！

要点!

显示过多的信息反而不利于对比。
尽量简明扼要，直奔主题。

要点太多了，插图也不够贴合内容。

Before 修改前

信息量过大反而容易显得混乱

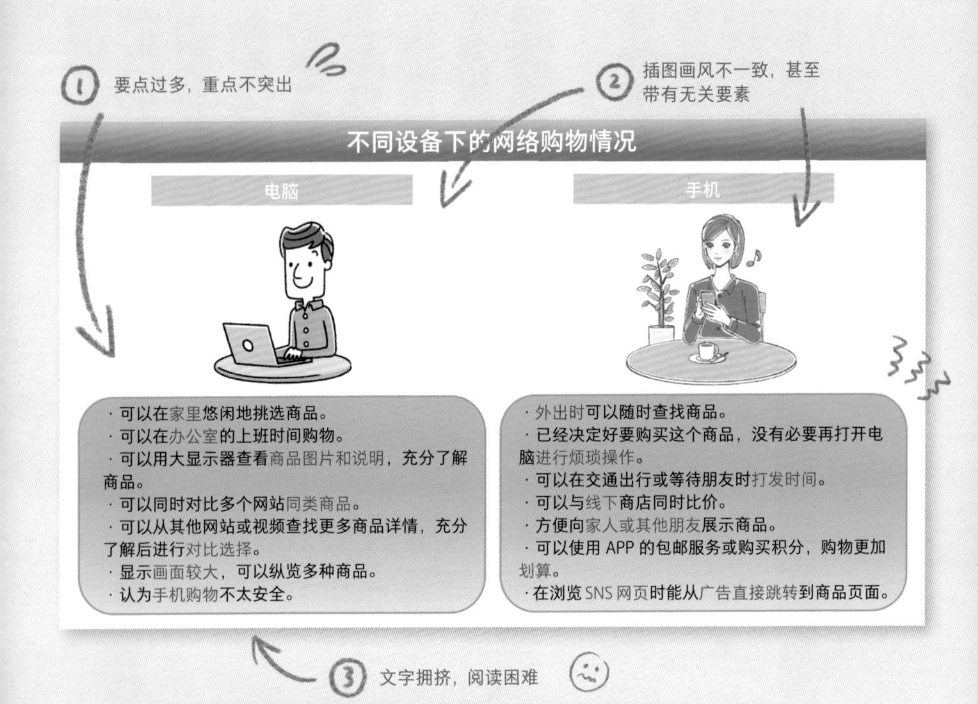

编辑要点！

在表达特点时，如果能概括成3个要点，会更容易给人带来深刻的印象

＼ 最重要的是编辑力！／

① 不要让客户读冗长的文章，要学会总结观点，简洁明了，直奔主题。善于整理要点也有助于后续的演示。

② 应使用与主题相匹配的插图。可以省略“性别”“背景”和其他不相关的信息。建议使用简洁的图标。

③ 文本框的结构乍一看是有排版的，但有时也让文本难以阅读。可以使用边距和线条来分割文本，让文字更容易阅读。

After 修改后

简简单单3个要点！

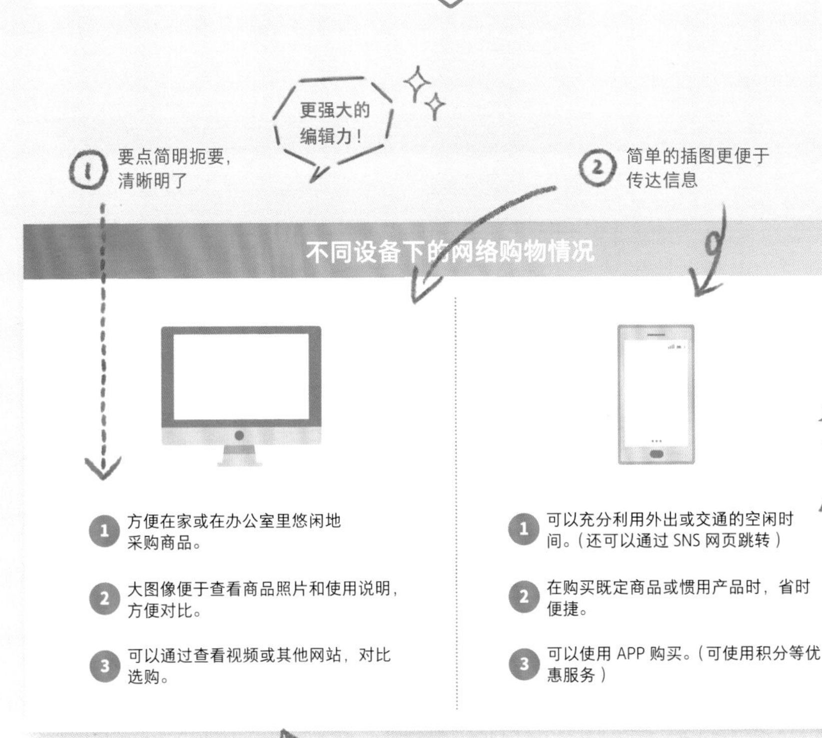

更多的编辑力！

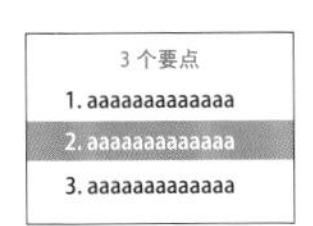

3个要点
1. aaaaaaaaaaaaa
2. aaaaaaaaaaaaa
3. aaaaaaaaaaaaa

如果后续还想对内容做进一步的阐述，可以在页面顶部放一个目录，使之更容易理解。

如果后续还想对内容做进一步的阐述，可以在开头放一个目录页，后面衔接详细页。在最开始就点明要点，能让客户更容易理解你所要表达的内容。客户不需要完全读完就能大致把握整体意思。

第6章
05

公司对外演示资料

新产品功能说明

使用对话框的形式展现新产品的功能！
这个产品真的太棒啦！

要点!

一般的阅读习惯是先把握整体印象，再关注详细功能。

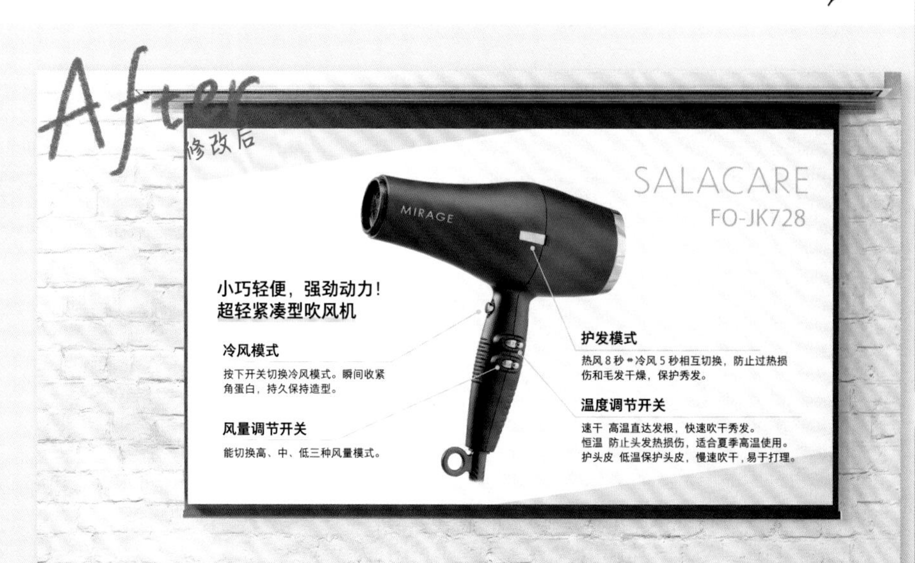

过度强调对话框，不是削弱了产品的魅力吗?

Before 修改前

对话框过多使人眼花缭乱

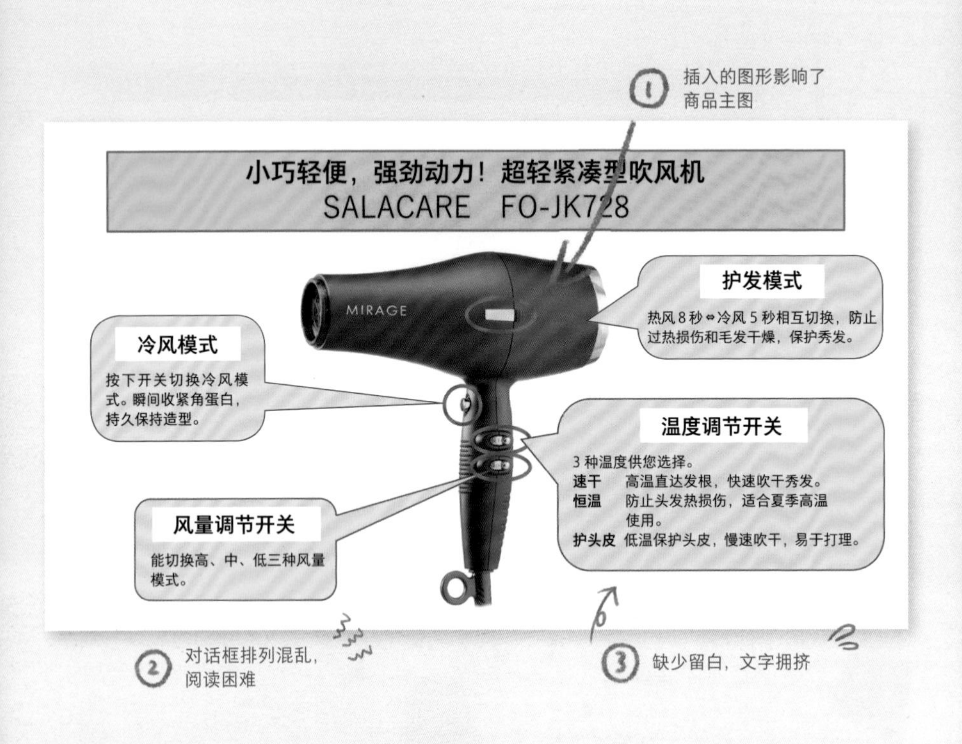

编辑要点！

使用友好的设计引导客户的视线

\ 最重要的是编辑力！/

① 不应该让对话框和配图分散对产品照片的注意力。如果使用简单的线条，就不会影响产品主图，也不会使画面变得杂乱。

② 杂乱无章的对话框让人眼花缭乱。只需要让文字行首对齐，就能给人整洁的印象，也更加便于阅读。

③ 如果对话框中或者整体排版上都没有留白，会让文本显得拥挤，难以阅读。记得留出适度的空白，让客户更容易阅读。

After 修改后

线条和留白让阅读轻松、印象加分

更强大的编辑力！

① 简洁的线条不遮挡商品主图

SALACARE
FO-JK728

小巧轻便，强劲动力！
超轻紧凑型吹风机

冷风模式
按下开关切换冷风模式。瞬间收紧角蛋白，持久保持造型。

风量调节开关
能切换高、中、低三种风量模式。

护发模式
热风 8 秒 ⇔ 冷风 5 秒相互切换，防止过热损伤和毛发干燥，保护秀发。

温度调节开关
速干 高温直达发根，快速吹干秀发。
恒温 防止头发热损伤，适合夏季高温使用。
护头皮 低温保护头皮，慢速吹干，易于打理。

② 整齐的文字便于阅读

③ 文字之间留出空隙，插图周围留白，让阅读更轻松

更多的编辑力！

Before 修改前

After 修改后

当在图表或图片中画引导线条时，保持角度一致能显得更加美观。

“文本对齐”也许是制作资料时最不起眼但又最重要的事。特别是当我们向客户介绍产品时，比起对公司内部人员，要注意避免给客户造成不必要的阅读压力。

第6章
06

公司对外演示资料

应用程序使用率对比表

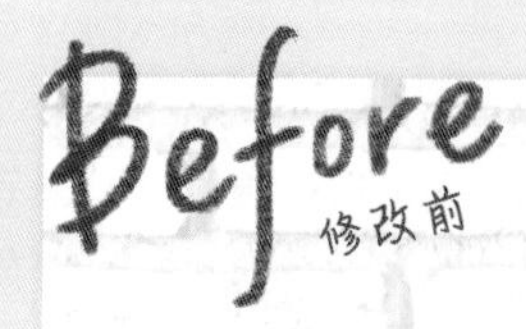

东南亚地区 Talkun使用率

国家	人口（万人）	手机普及率	Talkun使用率
马来西亚	3,200	88%	70%
新加坡	564	91%	78%
泰国	6,891	71%	52%
合计	3,552	83%	67%

泰国的APP使用率为52%

虽然目前泰国的APP使用率只有52%，但00后成为智能手机的主要使用人群，
与即将开展的新企划目标群体一致。今后将继续加强策划力度，提高APP的使用率。

将APP的使用率汇总并制作成表格。用红色标出重点部分！

要点！

我们很容易认同“数字=表格”，但也可使用图形将数字信息可视化，使其清晰简明、便于理解。

After 修改后

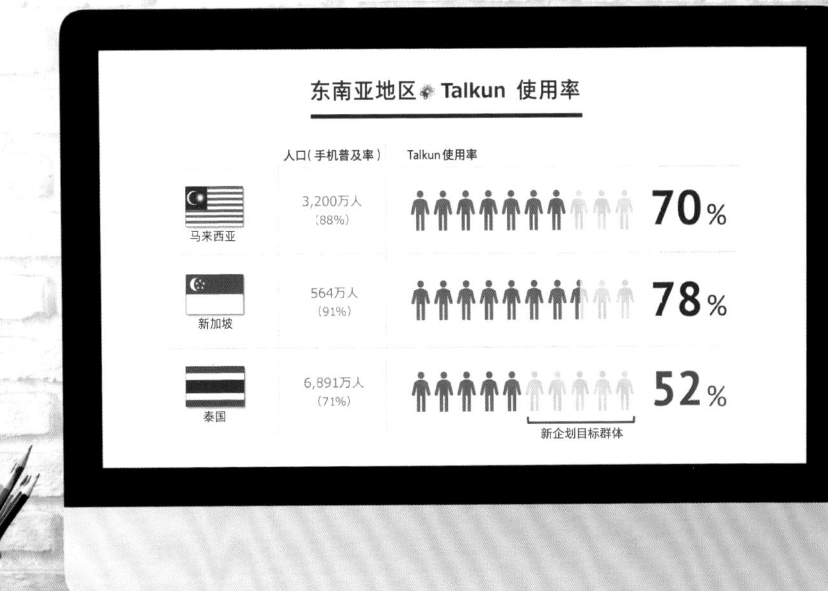

可以通过数字信息可视化来表现所占比例，这就是所谓的信息图。

Before 修改前

传递信息不够简洁明了

① 表格虽然清晰，但是仍然需要时间理解

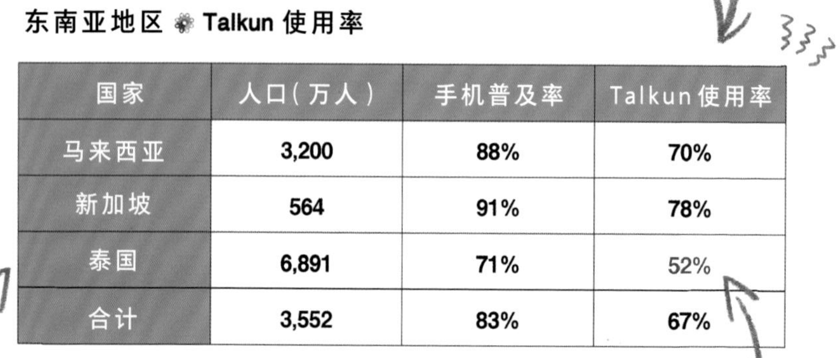

东南亚地区 Talkun 使用率

国家	人口（万人）	手机普及率	Talkun 使用率
马来西亚	3,200	88%	70%
新加坡	564	91%	78%
泰国	6,891	71%	52%
合计	3,552	83%	67%

泰国的APP使用率为52%

虽然目前泰国的APP使用率只有52%，但00后成为智能手机的主要使用人群，
与即将开展的新企划目标客户群体一致。今后将继续加强策划力度，提高APP的使用率。

② 颜色与相对应国家的国旗视觉上不统一，容易令人感到混乱

③ 只是改变了字体颜色，不够引人注目

编辑要点！

使用信息图让信息数据可视化

＼最重要的是编辑力！／

① 通过图形这种视觉方式呈现信息，信息便更加容易被理解。同时，这也是吸引客户的注意力、活跃客户情绪的一个妙招。

② 人类在颜色和记忆之间存在固有联结。如果你所使用的颜色与固有印象不一致，那么会让人感到不舒服，还可能造成阅读压力。

③ 要多思考你该如何做才能展示文本中最重要的信息。不同的颜色只能表现出“差异”，但如果你想引人注目并让人信服，就需要在表现方式上创新！

After 修改后

信息可视化便于客户理解

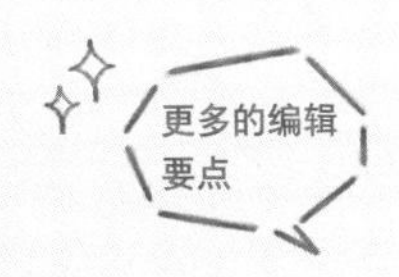

① 信息可视化

东南亚地区 Talkun 使用率

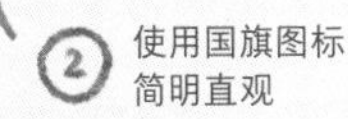

	人口（手机普及率）	APP使用率	
马来西亚	3,200万人（88%）		70%
新加坡	564万人（91%）		78%
泰国	6,891万人（71%）		52%

新企划目标客户

② 使用国旗图标，简明直观

③ 占比上的差距让人一目了然

更多的编辑力！

Before 修改前

20% 80%

After 修改后

强调信息的方法各式各样，要根据具体情况选择使用。

加粗和标红是文本中常用的强调方式。但在表现占有率等“量”的情况时，可以用涂色面积的大小来直观地表现“多”“少”。尝试着根据具体情况选择使用合适的表现方法吧。

第6章
07
公司对外演示资料
与其他公司产品的对比资料

与其他公司产品的对比表

与目前所使用的机种相比，性能大幅提升。

	SAYJO	TACHIBA	Elefuture	YAMANO	parallel	DANSON
价格（日元）	29,700	27,500	15,400	18,700	18,700	38,500
尺寸	640×380×300mm	620×398×300mm	520×360×200mm	615×399×230mm	597×385×201mm	700×260×260mm
重量	11.8kg（无水）	13kg（无水）	12.5kg（无水）	7.5kg	11kg（无水）	10kg
工作噪音	强：52dB 静音：23dB	强：54dB 静音：23dB	强：42dB 静音：23dB	强：49dB 静音：23dB	强：42dB 静音：23dB	强：55dB 静音：25dB
功能	·使用最新的TAFU空气滤芯。 ·富含负氧离子，除去空气异味。 ·传感器自动识别有人/无人状态，主动调节气流强度。 ·风速7.6m³/min，附带加湿功能，行业顶尖技术。 ·搭载银离子滤芯，10年无须更换。	·使用能去除99.9%的0.3μm微尘粒子的HEPA空气滤芯。 ·采用活性炭和离子双重除臭技术，祛除空气异味。 ·独立气流控制系统，保持加湿模式与净化模式下的平稳风速。 ·4L水箱，最强加湿模式下能保持5小时持续运转。 目前所使用产品	·使用能去除97%以上的0.3μm微尘粒子的HEPA空气滤芯。（能过滤PM2.5颗粒） ·搭载蒸汽加湿功能。 ·风速4m³/min，小体型大动力。 ·带有嗅觉传感器，在同价位产品中保持最低价格。	·搭载独创的纳米除菌和除臭双重功能滤芯，能去除空气中的微尘、异味和病毒。 ·搭载独立垃圾处理功能。 ·可在手机上使用APP控制，通过智能AI连接天气预报，自动运行。	·使用能去除99.[illegible]的0.3μm微尘[illegible]的HEPA空[illegible] ·等离子体[illegible]强力祛除空气异[illegible] ·搭载高灵敏度[illegible]传感器，可开启[illegible]物专用除臭模式"[illegible] ·与手机连接[illegible]看空气状态分[illegible]湿状态等数据。	·使用能去除99.[illegible]的0.3μm微尘[illegible]的HEPA空气滤[illegible] ·活性炭滤芯[illegible]去除宠物体味[illegible]残留气味。 [illegible]风速强劲，高[illegible]独立风扇[illegible]大量空气[illegible]自动清洁[illegible]

为了与本公司产品形成对比，也详细总结了其他公司产品的特点！

要点!

与其向客户长篇大论地介绍你的产品，不如用一张示意图，直观地给客户展示优势，以获取他们的信任。

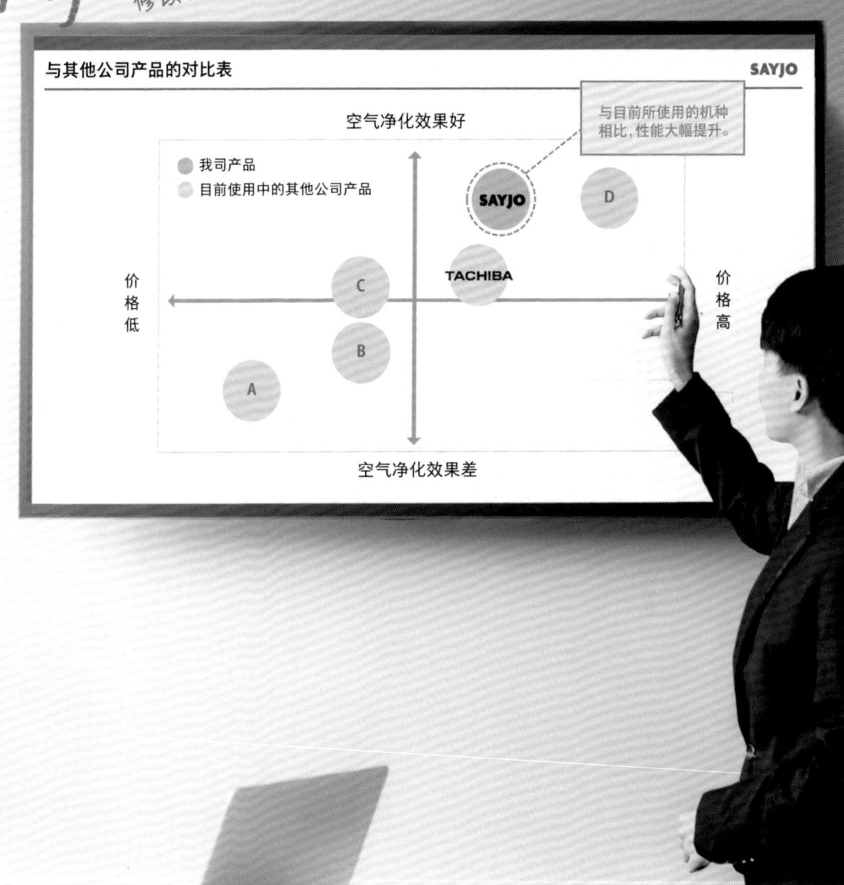

具体资料也是需要准备的，但首先可以向客户展示我们的示意图，直观地展示我们产品的优势!

Before 修改前

没有体现出优越性

① 用表格形式进行对比，难以把握特征

与其他公司产品的对比表

与目前所使用的机种相比，性能大幅提升。

	SAYJO	TACHIBA	Elefuture	YAMANO	parallel	DANSON
价格（日元）	29,700	27,500	15,400	18,700	18,700	38,500
尺寸	640×380×300mm	620×398×300mm	520×360×200mm	615×399×230mm	597×385×201mm	700×260×260mm
重量	11.8kg（无水）	13kg（无水）	12.5kg（无水）	7.5kg	11kg（无水）	10kg
工作噪音	强：52dB 静音：23dB	强：54dB 静音：23dB	强：42dB 静音：23dB	强：49dB 静音：23dB	强：42dB 静音：23dB	强：55dB 静音：25dB
功能	・使用最新的TAFU空气滤芯。・富含负氧离子，除去空气异味。・传感器自动识别有人/无人状态，主动调节气流强度。・风速7.6m³/min，附带加湿功能，行业顶尖技术。・搭载银离子滤芯，10年无须更换。	・使用能去除99.9%的0.3μm微尘粒子的HEPA空气滤芯。・采用活性炭和离子双重除臭技术，祛除空气异味。・独立气流控制系统，保持加湿模式与净化模式下的平稳风速。・4L水箱，最强加湿模式下能保持5小时持续运转。目前所使用产品	・使用能去除97%以上的0.3μm微尘粒子的HEPA空气滤芯。（能过滤PM2.5颗粒）・搭载蒸汽加湿功能。・风速4m³/min，小体型大动力。・带有嗅觉传感器，在同价位产品中保持最低价格。	・搭载独创的纳米除菌和除臭双重功能滤芯，能去除空气中的微尘、异味和病毒。・搭载独立垃圾处理功能。・可在手机上使用APP控制，通过智能AI连接天气预报，自动运行。	・使用能去除99.9%的0.3μm微尘粒子的HEPA空气滤芯。・等离子体除臭滤芯，强力祛除空气异味。・搭载高灵敏度嗅觉传感器，可开启"宠物专用除臭模式"。・与手机连接后可查看空气状态分析、加湿状态等数据。	・使用能去除99.9%的0.3μm微尘粒子的HEPA空气滤芯。・活性炭滤芯能快速去除宠物体味和香烟残留气味。・风速强劲，高达7.6m³/min，独立风扇系统强力吸入大量空气。・附带自动清洁系统。

② 客户即使看到了所有的功能，也会很为难

③ 在比较中没有直观体现公司产品的优越性

编辑要点！

使用图片或示意图让信息一目了然

＼最重要的是编辑力！／

① 只对数据进行比较，这样的表格是比较合适的。然而，在给客户做功能比较时，这个表格可以作为详细功能的补充资料。

② 与其展示所有的功能，不如专注介绍客户认为重要的功能，更能顺利地进行对话。

③ 要在对比资料中凸显我司产品所处的优越位置。要多做甄选，可以选择我司产品的优势项目进行对比。

After 修改后

一眼就产生购买欲望！

① 在定位图中瞬间明确产品定位

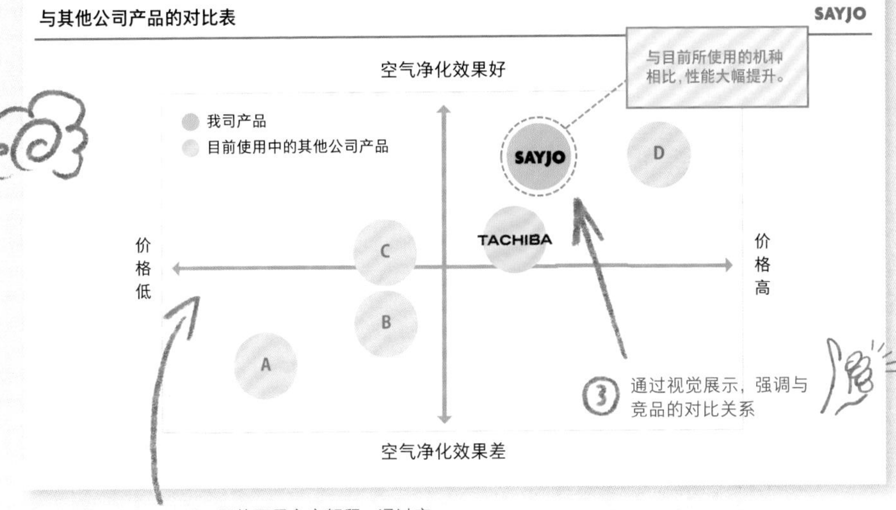

③ 通过视觉展示，强调与竞品的对比关系

② 即使不用文字解释，通过定位图轴线也能大体把握特征

更多的编辑力！

Before 修改前

AAA	BBB
	CCC

After 修改后

使用图标和品牌标志，让内容更加直观

用图标或品牌标志来代替文字，更加具有直观性。如果手边有可用材料，一定要优先使用这些图标。如果你想强调本公司的LOGO，可以用圆圈圈住或用箭头来引导客户的视线。

企业对外演示流程

演示的目的是在有限时间内进行有效沟通。然而，在向客户介绍情况时，由于他们并不是本公司的员工，所以只一味地解释内容不足以获得他们的认同。成功的关键在于学会如何使用直观的表达方法，从对方的角度出发，激起客户的情感共鸣。

从企业对外演示流程中学习编辑力！

公司让我为明天的客户做演示介绍！不过我只负责最开始的介绍部分，还算轻松！

销售演示中的开头部分是最重要的！尽量在一开始就激起客户的共鸣，创造一个良好的氛围哟！

啊，责任太重大了吧！最近有什么有趣的新闻吗？

喂喂，拜托你搞清楚，我们的最终目的是让客户购买我们的产品啊！

为了使你的演示引人入胜，要以正确的顺序和方式来讲解，以引起听众的共鸣。遵循有效的流程，制作令人信服的幻灯片吧！

编辑要点！

- 节省时间 …………………… 模板化，设定最初的目标
- 减轻读者负担 …………………… 明确你希望客户怎么做，Z原则
- 易于理解 …………………… 一张幻灯片，一条信息
- 传达重点 …………………… 问题→建议→效果，等等

① 梳理流程

设定演示目标

在着手制作材料之前，最重要的是有一个明确的想法，即你希望你的客户做什么，你希望他们通过听你演示达到什么目的。如果你抱有希望他们购买你的产品或批准你的计划等这样具体的目标，就不会在制作幻灯片的过程中迷失方向。

也就是说，不能仅让他们觉得“这个策划好棒”。

- 希望客户采用策划方案。
- 希望客户购买产品。
- 希望客户下订单。
- 希望客户来店。
- 希望客户体验服务。
- 希望客户询价。等等。

如果演示者不止一人，一定要和其他成员事先沟通好。

演示流程

无论是对外演示还是对内演示，一般流程都是一样的。其步骤如下：问题→建议→效果。这是一个合乎逻辑且易于遵循的顺序。对外演示需要添加一个“行动呼吁”步骤，让客户采取下一步行动。对内演示则要增加一个包含计划和成本的“具体计划”步骤，以增加演示具体性。

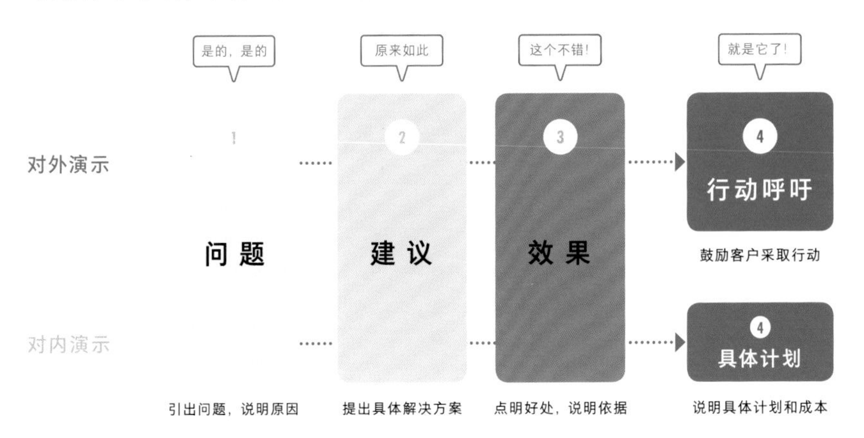

② 整体构成

现在，让我们根据上一页梳理的流程来实际安排我们的幻灯片吧。这里我将以与客户的联合策划演示为例，详细介绍每一个步骤。根据需求，你可以往里面添加更多细节。

1 问题

导语部分引发兴趣

第一个也是最重要的部分是获得客户的共鸣。从对方的角度提出问题，或者用具体的数字来引起他们的兴趣。

随着游客的增加，销售额也会同比增加吗？

阐述问题，激起共鸣

解释问题和原因。使用简明扼要的信息或要点，使客户能够直观地感受并产生共鸣。使用相关图片来引发客户听下去的兴趣。

通过平铺照片增强情感

2 建议

进入主题，展开建议

从这里开始进入正题。第一步，提出问题的解决方案。插入整体图片或照片，给客户清晰的整体印象。

展现特征与吸引力

解释方案的特点、功能和其他关键点。虽然你的方案优点无数，但是首先需要归纳为三个简明的要点。如果还想详细展开，你可以在后续的幻灯片中添加页面，一个页面介绍一个要点，继续解释。

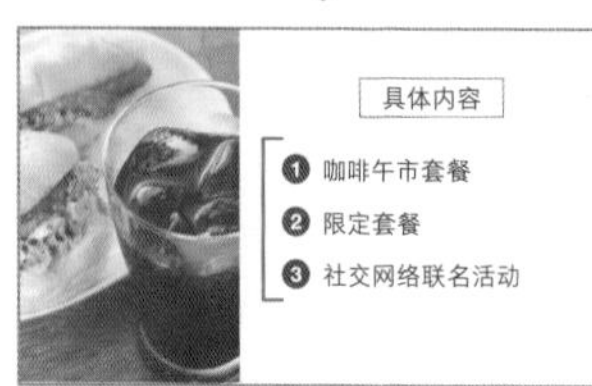

使用颜色和图形让字段更加醒目

3 效果

点明客户所获利益

告诉客户他们将从这一方案中获得什么好处。不仅要给客户一个具体的利益或百分比数字，也要让他们想象到这个方案实现后的前景。

好处
1 提高 30% 销售额
2 吸引更多游客
3 提高知名度

说明依据，获得信赖

在说明了收益后，一定要解释背后的依据，阐明迄今为止的业绩和来自真实客户的推荐，这些都有助于建立彼此的信任。充分的依据会让你的介绍更有底气。

添加图表，增强说服力

4 行动呼吁

推动客户做出决策

最后，要鼓励客户做出决策并采取行动。在这里使用了让客户心动的广告内容推动他们做出决策。你如果想鼓励客户购买或询价，那么一定要学会这个做法。特惠活动和后续保障也是强有力的激励方案。请仔细想一想公司还能提供什么好处。

将在“Rico.”11月刊上刊登“旅行途中的面包和咖啡”

◀“Rico.”去年的面包特辑。

更多的编辑力！

在企业对外演示中，不仅要保证方案质量，在此基础上还要让听众感动，认为你是站在他们的角度思考问题，从而采取行动。演示的成功可能关系着一份新的工作和一种持续多年的信任关系。下列三个方法可以帮助你贴近对方的想法，站在同样的角度思考问题。

1. 通过视觉表现，让客户畅想未来；
2. 通过具体数字，给客户直观感受；
3. 一条信息三个要点，使客户加深印象。

更多内容

如何进一步优化版面设计

公司对外文书

面向客户和供应商的对外沟通资料需要比对内文书看起来更加精致。一份精心设计的文书肯定会给人留下深刻的印象。下面将介绍一些编辑技巧，使你的材料更具吸引力。虽然操作上有点难度，但是请你一定要试试看。

我已经学到了很多关于设计的知识！
我想差不多该开始用Adobe软件了吧！

呀，真能说大话！等你把PowerPoint功能都摸透了再说吧。

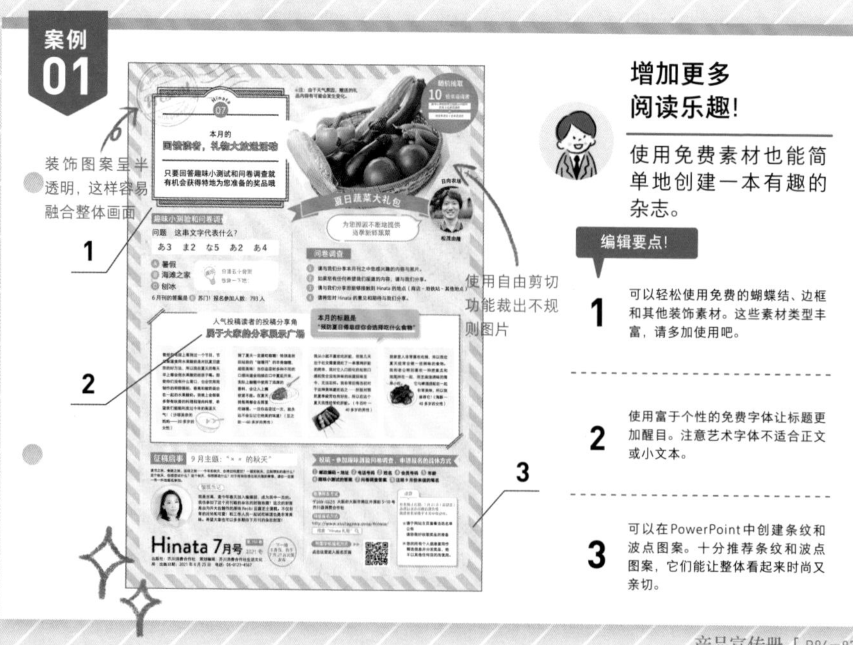

产品宣传册 [P94—97]

名片 [P106—109]

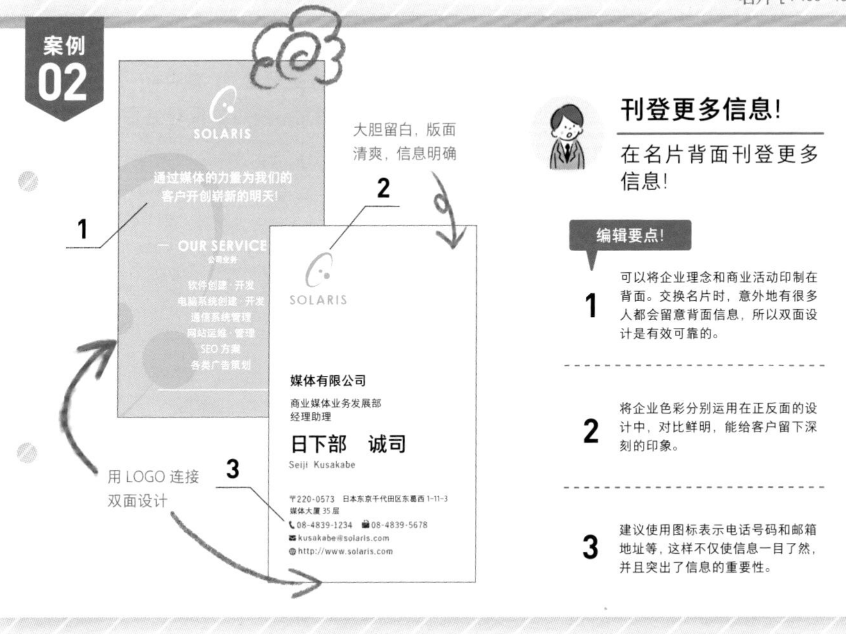

研讨会邀请函 [P124—127]

免费素材

在资料中使用视觉插图可以使客户更容易理解，让信息更加直观。软件中已有许多自带的图标和对话框可供选择，但也可能找不到特别适合的图片。所以这里对免费资源略加介绍或许可以帮助到你。

● 免费素材都有哪些种类？

● 照片

● 插画

● 图标

● 装饰

● 对话框

● 模板

后记

——新米始，即将入职第二年——

其实我一直觉得，日报和会议纪要整理起来真的太麻烦了。学习了编辑技巧后，写材料的速度快多了。

确实比之前好多了，能把握住材料要点！

本部长也夸你了！话说给客户的演示资料怎么样了？

我感觉客户的回应变多了……

他们对我说“原来如此”的时候我真的太开心了……

终于让客户心动了。

最开始文字太多，颜色太多，读起来太费劲。好在都改过来了……

马上入职第二年了，我要更多地发挥我的“编辑力”，提高工作质量，提升工作速度。

我还要将我的“编辑力”传授给公司的年轻后辈！

图书在版编目（CIP）数据

职场设计力 /（日）印慈江久多衣编著；王卫军译. — 北京：中国青年出版社，2023.3
ISBN 978-7-5153-6860-3

I.①职… II.①印… ②王… III.①办公自动化—应用软件 IV. ①TP317.1

中国版本图书馆CIP数据核字（2022）第248194号

职场设计力

编　著：[日] 印慈江久多衣
译　者：王卫军

出版发行：中国青年出版社
地　址：北京市东城区东四十二条21号
电　话：（010）59231565
传　真：（010）59231381
网　址：www.cyp.com.cn
企　划：北京中青雄狮数码传媒科技有限公司

责任编辑：张军
策划编辑：杨佩云
文字编辑：高瞻程
书籍设计：乌兰

印　刷：天津融正印刷有限公司
开　本：880mm × 1230mm　1/32
印　张：6.5
字　数：286千字
版　次：2023年3月北京第1版
印　次：2023年3月第1次印刷
书　号：978-7-5153-6860-3
定　价：89.80元

本书如有印装质量等问题，请与本社联系
电话：（010）59231565
读者来信: reader@cypmedia.com
投稿邮箱: author@cypmedia.com
如有其他问题请访问我们的网站：www.cypmedia.com